INTIMATE STRANGERS
UNSEEN LIFE ON EARTH
科學天地 604
觀念生物學
共生・平衡・互利
Cynthia Needham · Mahlon Hoagland
Kenneth McPherson · Bert Dodson
李千毅 —— 譯
4

麥克佛森
尼達姆
竇德生
霍格蘭

作者簡介

尼達姆(Cynthia Needham)

美國微生物學會會士、ICAN製片公司的科學節目監製，
曾任波士頓大學暨塔夫茨大學微生物學副教授，
微生物學素養促進會(Microbial Literacy Collaborative's Executive Board)會長，
領導各式各樣的科學教育方案，這套《觀念生物學3、4》正是結晶之一。

霍格蘭(Mahlon Hoagland)

傑出的分子生物學家，美國國家科學院院士。
霍格蘭在科學上有許多成就，最重要的有：發現胺基酸活化酵素；
以及發現轉送RNA(tRNA)，揭露了DNA攜帶的訊息如何轉譯為蛋白質的機制。
退休後專注於科學寫作與教育，
與竇德生聯手創作了本書的姊妹作《觀念生物學1、2》。
霍格蘭於2007年辭世。

作者簡介

麥克佛森（Kenneth A. McPherson）

科學作家，ICAN製片公司的科技節目監製，
專精科學與資訊科技，也常擔任這方面的顧問。
與人合著了多本機械及應用微生物學方面的書。

竇德生（Bert Dodson）

才華洋溢的畫家，曾為80多本書繪製插畫，
也是連環漫畫《核潛艇》（*Nuke*）的作者。
竇德生在設計學院開課多年，教人如何畫插畫與素描；
他還寫了一本受歡迎的書《會拿筆就會畫》（*Keys to Drawing*）。

譯者簡介

李千毅

密西根大學生物碩士，曾任天下文化編輯，
譯有《觀念生物學 1 ～ 4》、《觀念化學 IV》、
《現代化學 II》（合譯）、《金色雙螺旋》（合譯）等書。

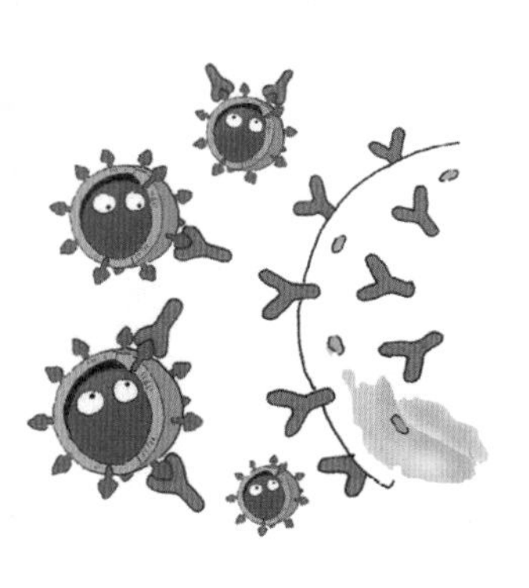

觀念生物學 4

共生．平衡．互利

目錄

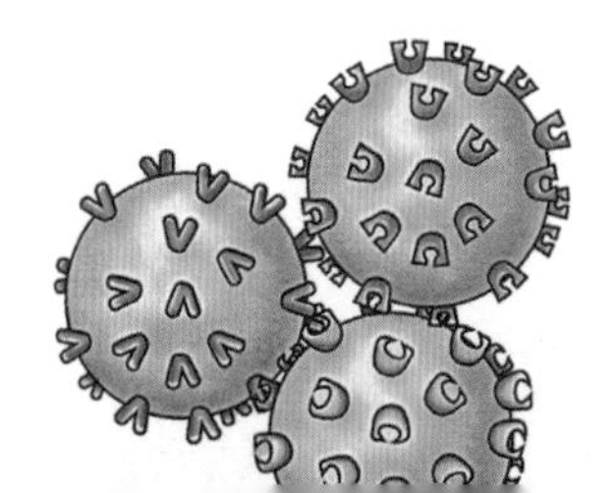

A
T
G
C

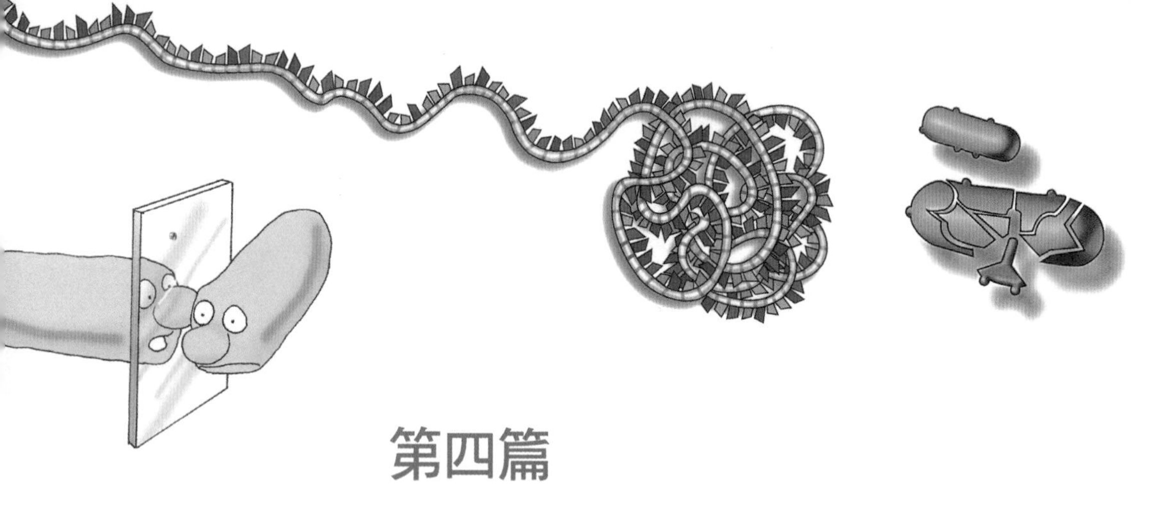

第四篇
未來的創造者

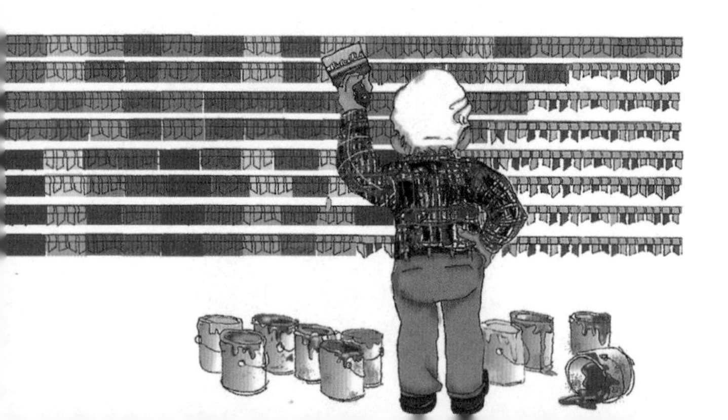

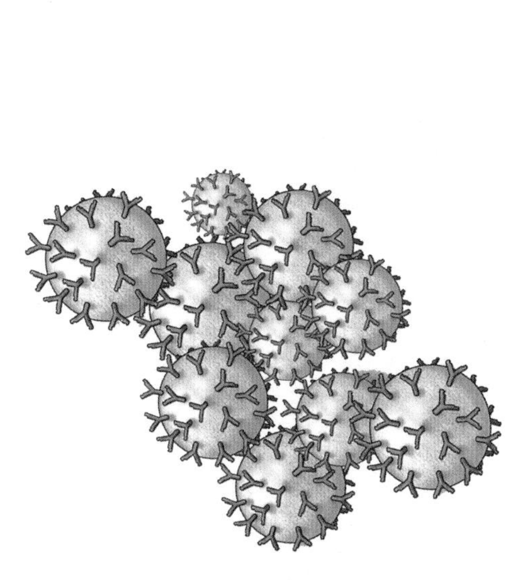

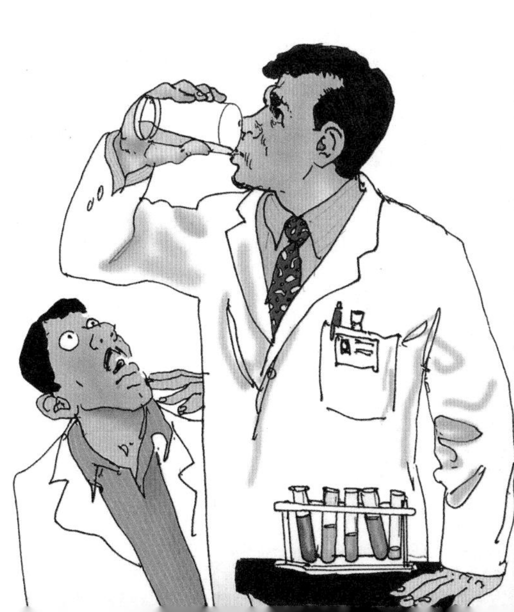

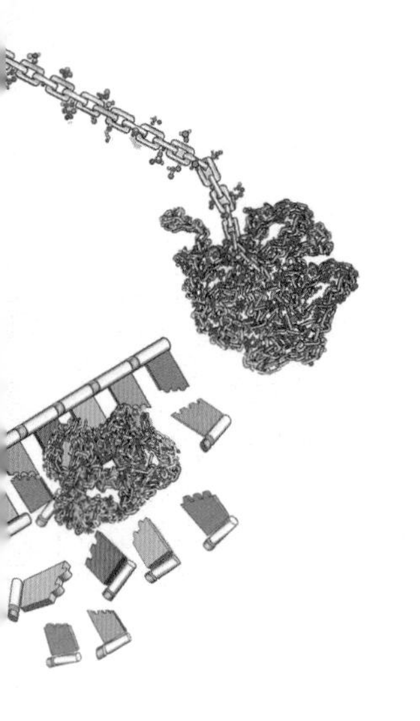

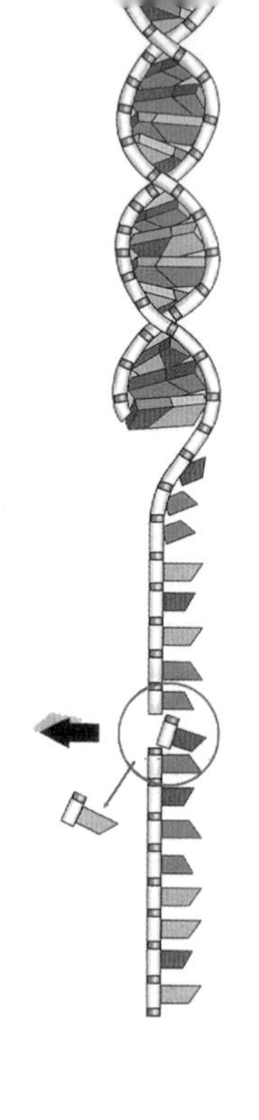

觀念生物學 3

循環・網絡・複雜

目錄

只要人類還生存在地球上，

我們的命運便不可避免的與微生物交織在一塊，

彼此亦步亦趨、如影隨形。

如果我們能與微生物世界建立新關係，

說不定能和這些小東西成為真正的夥伴，

彼此互惠，沒有傷害，

攜手共跳一曲優雅的生命之舞。

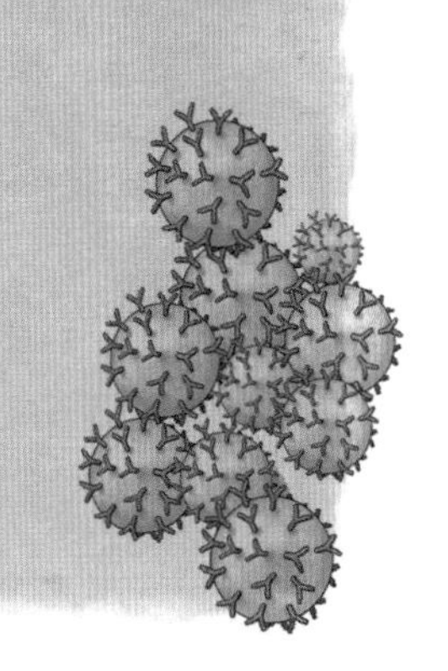

共生

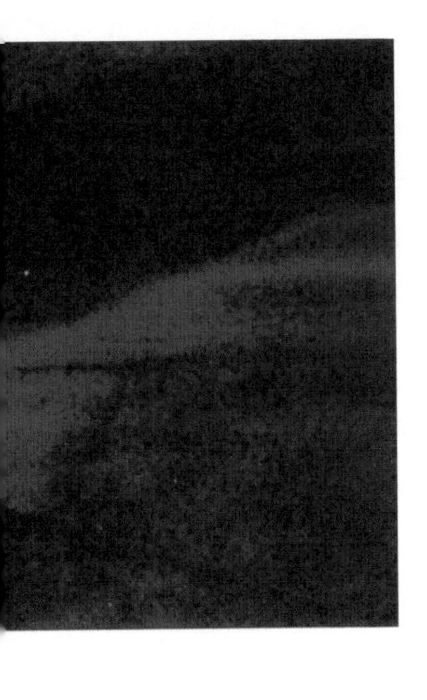

第三篇
危險的朋友，友善的敵人

疾病通常代表著未達成協議的共生關係……，
是兩生物間的一種誤解。

—— 湯瑪士（Lewis Thomas, 1913-1993，
美國醫學教授、科學作家）

奪命殺手

星期五早上，蘇珊一起床就發現事情不妙。「我覺得全身僵硬笨重，好像身體是水泥做的那樣。我花好大力氣才能呼吸、走動。到了晚上，竟然高燒到39℃，而且全身酸痛得要命，我想我是感冒了。」蘇珊是某種新型流行病的受害者，這種疾病當時正在美國西南部的四州交界地帶肆虐。蘇珊是幸運的存活者之一。

四州交界地帶（Four Corners area），即美國亞利桑納州、猶他州、科羅拉多州、新墨西哥州四個州的交界點，是美國境內唯一一處可以同時橫跨四個州的地點。

1993年5月9日，這種怪病奪走了一名健康強壯的納瓦荷族印第安女性的性命，她是一位運動員。五天後，又奪走她未婚夫（也是運動員）的性命。稍後，又有四個人相繼死亡。

當地的醫生發現這是一種前所未見的新疾病。這種病來勢洶洶，受害者會喘不過氣來，幾個小時內就會心跳驟停，半數染病的患者都回天乏術，宣告不治。而且死亡人數持續的爬升中：一位育有二子的母親、一名正在修理房子的男性、一個青少年陸續發病過世。消息一傳開，大家都很驚恐，一開始怪病是在納瓦荷族人之間散布，後來又擴展到鄰近的社區，人人聞之喪膽色變。

美國西南部發出這樣的警報後，遠在亞特蘭大市的疾病管制中心（Centers for Disease Control and Prevention，簡稱CDC）的疾病專家趕緊前來調查病因。

新興病原研究課主管彼得斯（C. J. Peters）回憶道：「當我們接到西南部居民的通報時，那裡的情況已經到了不得不向外求救的時刻。我們全副武裝前往援助，但也不清楚究竟是什麼怪病，只知道一直有人死掉，肯定是某種疾病在作怪。看起來好像是一種死亡率很高的傳染病。」於是疾病管制中心的調查員進駐該地區，展開調查行動。他們把當地採集到的血液和組織樣本送回疾病管制中心檢驗，看是否含有什麼毒素或任何已知的病原。

所幸，同年的6月3日，實驗室很快的發現漢他病毒（hantavirus）感染的證據。美國西南部四州交界地帶所爆發的這株漢他病毒，遠比它在歐洲及亞洲的親屬還致命，它們會讓受害者的肺部充滿液體，導致肺部衰竭，最後造成死亡。

流行病學家發現這種病毒是源自當地沙漠常見的動物——鹿鼠（deer mouse）。對鹿鼠來說，這種病毒不痛不癢，可是一旦人體接觸到受感染的鹿鼠，鹿鼠體內的病毒對人體可就有致命的危險。

公共衛生界人士都很清楚流行病爆發所帶來的慘重後果。發生在1918年到1919年的那場全球流行性感冒，就死了至少2,100萬人。而當今愛滋病也正橫掃全球，已知死亡人數不下百萬，且仍有上百萬人陸續遭受感染。幸好，那次漢他病毒爆發的規模不大，範圍僅限於美國西南的四州交界地帶。當時雖然經過地方與國家公衛機關的聯手努力，才終止這場爆發，但還是奪走了28條人命。

人類和微生物之間存在一種脆弱的平衡。雖然我們和大多數的微生物都能和平共處，但有些小傢伙對我們就是不友善。有時候，本來和我們是好朋友的微生物也會反目成仇。有時候，我們已熟悉如何相處的敵人，又趁機占上風，略勝我們一籌。有時候，動作敏捷的致命陌生人，以排山倒海之勢對我們猛撲過來。雖然我們和一些敵手已懂得相容共處之道，但對於許多狠角色，我們還是得採取公共衛生的手段以及運用我們最複雜的防禦系統——免疫系統，來遏止它們胡作非為。

與微生物同一個屋簷下

我們的身體一點都不孤單。在我們的體內與體表可是住著數十億的細菌！不過嚴格說起來，它們並不是眞的住在我們身體組織內。細菌所聚集的地點都是一些能與外界相通的表面，例如我們的皮膚、口腔、和消化道。

若從細菌的觀點來看，人體其實是一條巨大的中空管子，管子的內側與外側都有它們的據點，我們走到哪兒，它們就跟到哪兒。我們供細菌吃住，細菌幫我們維持健康。這些正常菌群（normal flora，俗稱益菌群）是人體內的要角，我們得仰賴這複雜、精緻、又活躍的正常菌群生態，來維持身體健康。

雖然我們與正常菌群的合夥關係通常都是平等互惠的，但有時候這種和諧的關係也會變質或惡化。不論是細菌或是我們，「好還要更好、多還要更多」是生物很自然的傾向。站在人類的立場，我們當然希望細菌乖乖待在我們中空的腸道裡，不要去侵犯其他不容它們存在的內部組織。但是從細菌的角度來看，愈是不讓它們盤據的地方，愈是令它們覬覦，說不定人體內部的組織別有一番洞天呢！

這樣相反的觀點有時會引發一場人菌交戰。即便原來是安分守己的益菌，一旦突破我們表皮的防禦線，入侵肌肉、血液或骨頭，可能變得無法無天、囂張肆虐。

嚴禁越界

我們已演化出一套防禦系統，來抵擋細菌的侵犯，使它們無法僭越人菌的界線。我們的皮膚和黏膜形成一道阻隔牆，來區分真正的身體外部與內部。流過我們體表的液體，像是眼淚、唾液、胃液等，都含有酵素和其他不利微生物的化合物，有殺菌功效。還有一些細胞就像訓練有素的邊防巡邏隊，一旦有外來者入侵，它們可以立即識破，並通報體內的免疫系統發動武力來擊潰入侵者。

每個人都有屬於自己的一套防禦戲碼以及動員能力。在同一間辦公室裡，有的人一下子就得到流行性感冒，有的人卻好端端的，怎樣都不會被傳染。我們的基因組成以及許多因子，例如營養、壓力、甚至心理健康，都會影響我們的防衛能力，造成有些人免疫力較好、有些人較差。

微生物也演化出與人體共存之道。我們體內的正常菌群已削減自己的入侵本能，安分的退居防衛線之後，不敢稍越雷池一步。僅在罕見的情況下，正常菌群會跨越邊界，變成危險的朋友入侵人體組織，我們的防禦系統才會發動攻勢，迅速把它們趕出禁地。

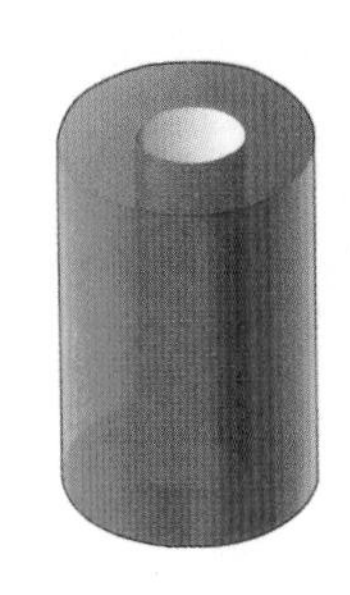

◀
一根管子有「內側」與「外側」之分。

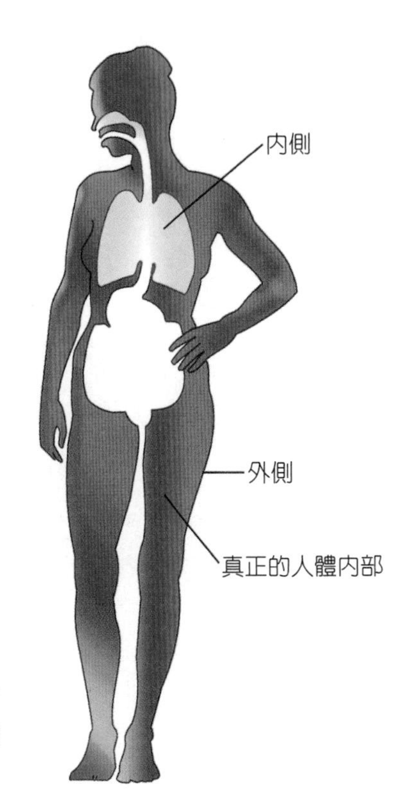

▶
一般來說，微生物都住在我們的皮膚、嘴巴、和腸道內，這些部位包含了管子的「內側」與「外側」(假設我們把身體想像成一條內外相通的管子)。入侵肌肉、骨頭及內臟的微生物，才算真的跑進人體的內部。

如果我們能跟細菌交談

跟細菌說話？這太奇怪了吧！但對於來自美國史丹福大學的微生物學家佛考（Stanley Falkow）和其他科學家而言，微生物世界裡真有這麼一回事哩。佛考和其他研究員猜測，經過好幾世紀的人菌接觸，雙方已演化出一套化學訊號。這是一種沉默的對話，我們的細胞和細菌細胞都能了解這種訊號，雙方的交談還包括了問候、確認、以及欺瞞。這樣的對話很可能是人體一些長期敵人（例如傷寒桿菌）的致勝祕訣。

佛考表示：「細菌懂得互相交談的方式。它們製造的化學訊號分子，都在彼此的監控中。隨著化學訊號分子的濃度增加，這些病菌知道它們的數量已壯大到某種程度，於是進入作戰階段，展開攻勢。

細菌的確懂得溝通喔，只是它們用的是化學訊號，不是嘴巴。

「細菌另一種聰明的伎倆就是很會『偷聽』。現在許多病菌已了解人體細胞之間是用什麼方式來溝通，因此許多病菌一開始與人體細胞打交道時，都會去切斷人體細胞間的連絡熱線，使它們無法大叫：『喂，有外人闖入！』靠著這招讓人體細胞噤聲的策略，病菌大搖大擺的登堂入室。」

其他一些我們熟悉的細菌敵人，則發展出高明的偽裝術，來遮掩它們的外表及化學訊號（以免觸動體內的警鈴），就這樣騙過人體的防禦系統，入侵組織內部。這些病菌跟隨我們好幾萬年了，它們對人體的防禦系統瞭若指掌，即便我們發動最精良的武力，病菌照樣能闖關成功，長驅直入體內的禁地。

最危險的情況莫過於與陌生敵人的交會，例如漢他病毒的侵襲，這是人體罕見的闖入者。通常這些新興病原是和其他物種一起演化的，人類對它們而言，只是在錯誤的時間與錯誤的地點偶然遇上的寄主。我們的防禦系統根本不熟悉這些陌生的訪客，因此所造成的傷害勢必相當慘重。

每天，我們都與微生物世界的居民交換著成千上萬的化學訊號，有時你聽到的是「很高興你的到來」、「歡迎，裡面請坐」，有時可能是「給我安分點兒，不許越界」。我們的身體從這些對話中可以區分出敵友、親疏的關係，進而採取行動來招待友人或攻擊敵人。

每個人的一生中，都與這個隱形世界保持著密切的互動關係。了解這種關係，可以幫助我們做出有益個人健康的決定以及促進全球人類健康的策略。

▶
某些細菌已演化出表面蛋白（鑰匙），能插入人體細胞表面的受體（鎖孔）。這種「鑰匙與鎖孔」的結合反應會引發錯誤的訊息，例如：「嗨，我是食物。吃我！吃我！」結果我們的細胞受騙了，竟引狼入室，讓細菌順利的進駐細胞內。細菌表面的蛋白質能造成人體細胞膜向外起皺，緊緊裹住細菌的身軀。當細胞膜完全包圍了細菌後，細胞會將這個含有細菌的膜囊向內拖引，離開細胞表面。細菌到了細胞內部，會擺脫這個運輸的膜囊，開始自由的複製，在細胞內肆意破壞。我們稱這種細菌為病原菌。

細胞與細胞的溝通

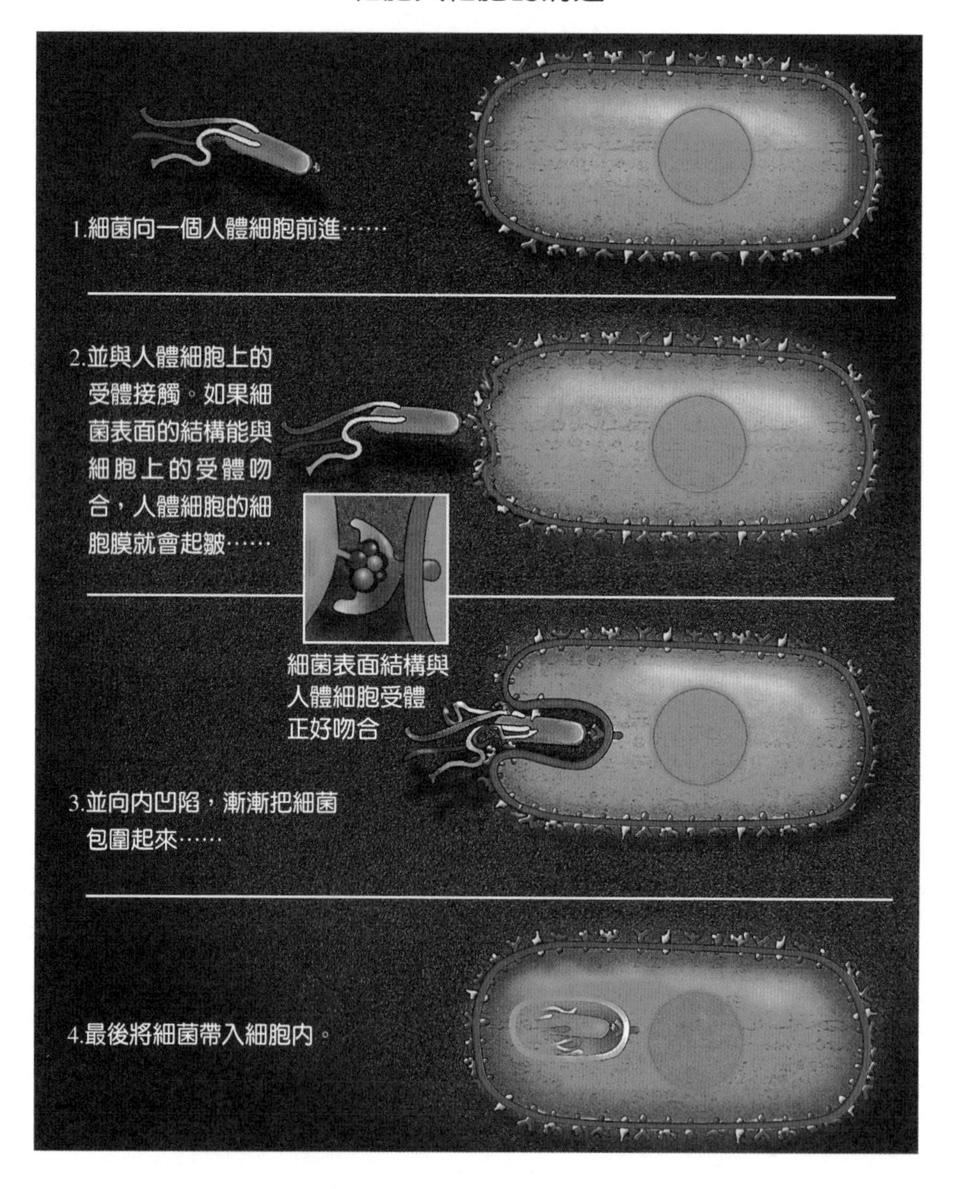

當朋友變成敵人

當我們一出生時，我們的微生物夥伴立即找上門來。這些小東西來自我們最初接觸到的人，包括媽媽、爸爸、護士、醫生、姊姊、哥哥等。短短的幾個小時內，我們的身體成爲一大堆微生物夥伴寄居的家。微生物和我們的複雜關係就這麼展開了，這種關係會持續一輩子。

有些微生物和我們維持穩定的夥伴關係，它們會利用演化而來的特殊附著點，黏在我們身體表面各處。有些微生物則又跑到別人身上或別的地方。經年累月下來，這些微生物夥伴來來去去的，但我們的身體就是不可缺少這一大家子的微生物居民。

大多時候，這群微生物居民和我們維持互利共生的關係，彼此交換著寶貴的資源。在這些長期定居體內的微生物中，有些能爲我們製造營養素，幫助我們維持身體健康；有些能分泌對其他較不親切的細菌有害的物質，來防止它們入侵體內。我們對這些夥伴微生物的回饋是，提供它們穩定的食物來源，以及溫暖舒適的家園。

在人體的正常菌群中，有些是精明的機會主義者，能隨時伺機而行，讓自己蓬勃發展。有時我們的一些行爲也助長了它們的機會，例如增加微生物的食物供應量、擾亂正常菌群間的競爭情形、或打破皮膚表面或腸黏膜的天然屏障，這些都會鼓勵正常菌群的擴張。有些細菌也許較沒這麼野心勃勃，但就算平日安分守己的份子，也有叛變的時候，轉而操弄免疫系統中的巡防隊去攻擊我們自己的組織。

人體的皮膚——有沙漠也有雨林

一個成年人的皮膚表面積約有2平方公尺，皮膚是保護身體內部、防止有害物質入侵的天然屏障。從細菌的角度來看，人體的皮膚上存在著各種生態系，從乾燥的沙漠（背部）到熱帶的雨林（鼠蹊和腋下）都有。例如葡萄球菌（*Staphylococcus*）、棒狀桿菌（*Corynebacterium*）、痤瘡桿菌等細菌，可以附著在我們皮膚細胞上的特殊受體。每一種細菌都有自己偏好的地理環境，聚集的密度也和人類社會一樣，有都市、郊區、和鄉村的分別。細菌密度最高的地方，包括我們的汗腺與滋潤毛髮的皮脂腺。

▶

我們的皮膚上居住著至少30種不同的細菌。在我們的背部，每平方公分的皮膚上就有幾百到幾千個細菌住在那裡；在較潮溼的部位，細菌的數量還可能是前者的數千倍哩。

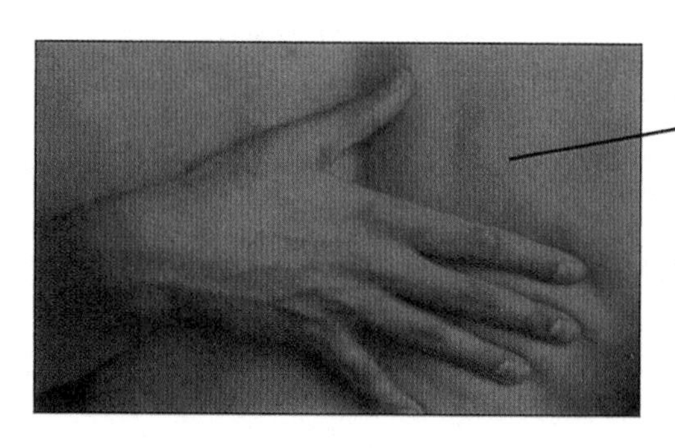

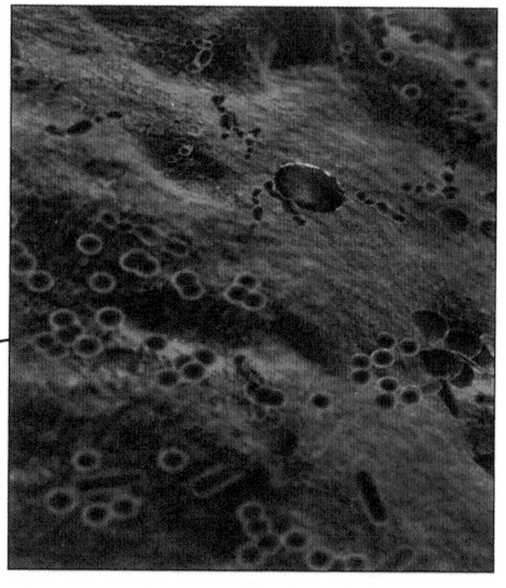

痤瘡桿菌（*Propionibacterium*）

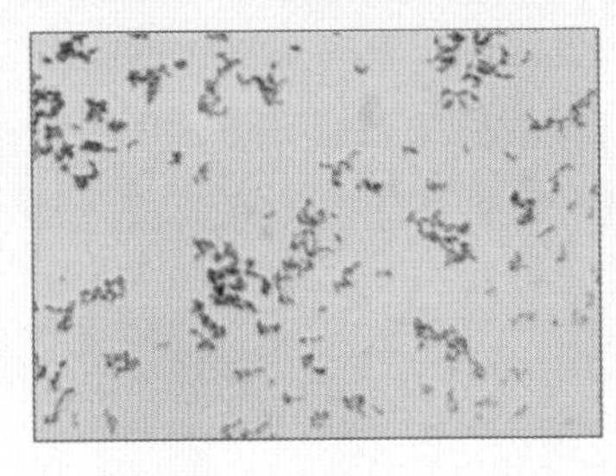

身分：細菌

住所：人類皮膚的毛孔中

嗜好：製造臭氣

活動：身為保護者的成員，能製造一些化合物保護我們免受其他細菌的入侵。

皮膚上的細菌可以從我們的汗水中獲得食物和水分。它們回報的方式則是分泌一些有毒的物質來護衛地盤，將其他對我們較不友善的細菌驅逐出境。我們可以確知皮膚上有這麼一群細菌盤據著，因爲身體流汗後所發出的體臭就是來自它們製造的物質。

了解了這點，你可能會問，「那麼，洗澡到底好不好呢？」其實洗澡還是有益健康的。肥皂和熱水可以幫我們除垢、除臭，也幫助皮膚上的益菌夥伴保衛家園，讓害菌無法占有一席之地。

闖入禁區

皮膚和黏膜都是防禦病菌的重要屏障。如果皮膚上出現一個傷口，就等於爲細菌多闢了一塊沃土，不論是原本就存在的正常菌群或其他病原菌，都可能蠢蠢欲動，向這片新領域入侵。我們的免疫系統對於正常菌群及經常入侵的外地訪客並不陌生，一旦它們在體內禁地現身，巡防隊裡的殺手細胞（killer cell）可以立即查辦，迅速將闖入者處死。即便小傷口已受感染，通常都能很快復原，讓正常菌群乖乖待在自己的地盤。

偶爾，我們會不經意的讓細菌有機可乘。例如，在現代醫療裡，往往需要倚重靜脈導管來將一些液體或藥物直接引進血液中（所謂的靜脈注射）。就在導管刺入皮膚之際，也順便幫細菌中的機會主義者開了一條通路，讓它們趁隙在導管表面與人體組織之間生長、繁殖。

某些皮膚上的微生物居民，例如表皮葡萄球菌，可以利用某種自製的黏膠，緊緊附著在導管上。在導管拔除之前，它們可以愉快的享受沒有其他競爭者環伺的新棲地。然而，表皮葡萄球菌這趟暫時離開表皮的假期，卻給我們帶來麻煩。它們會在導管周圍造成傷口感染，還會擺脫表皮進入血液中，到更深層的地方去作亂。

表皮葡萄球菌（*Staphylococcus epidermidis*）

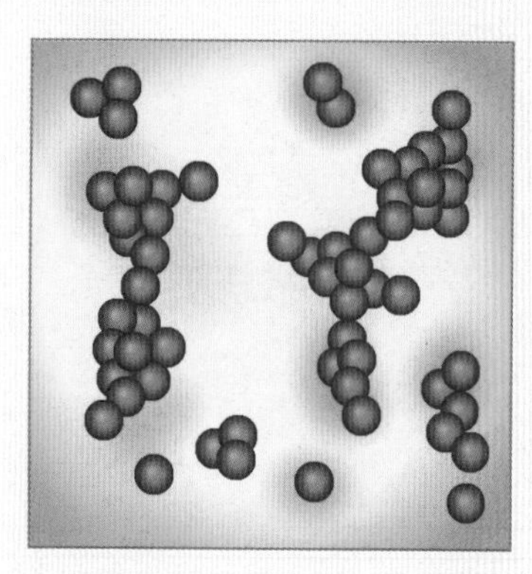

身分：細菌

住所：人體皮膚

嗜好：製造黏膠

活動：機會主義者的成員之一，正常情況下，表皮葡萄球菌盤據在皮膚上，使有害的細菌沒有容身之地；但偶爾，插入皮膚的導管會為表皮葡萄球菌開啓機會大門，使它們跑進體內，引發疾病。

人體的口腔——菌種多樣的溼地

口腔這個由牙齒、舌頭、臉頰組合成的棲地，可以說是浸潤在營養豐富的液體裡（包括消化酵素與唾液），是一塊細菌的樂土。至少有400種細菌生活在口腔的不同角落，構成一個複雜的社群，有些菌群彼此競爭搶地盤，有些菌群互助合作求溫飽。

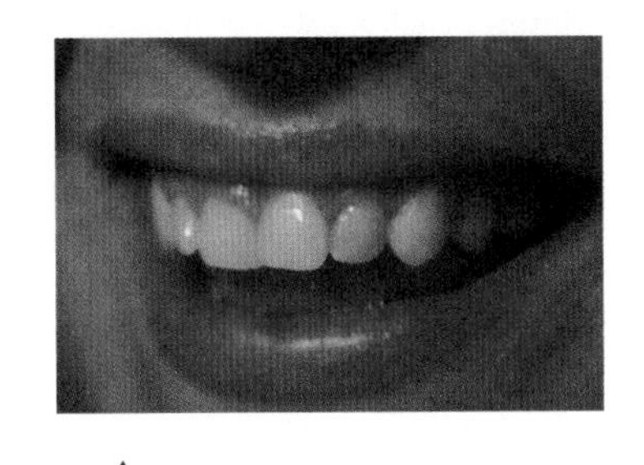

▲
我們的口腔是個舒適的細菌收容所，裡面招待了超過400種不同的細菌。

社群中某些成員在我們發乳齒時來來去去，有些在我們換恆齒時進進出出，但是唯一不變的是，為了求生存，菌群間總是不斷的上演競爭與合作的戲碼。

口腔內最常見的細菌包括鏈球菌（*Streptococcus*）、乳酸菌（*Lactobacillus*）、雙球菌（*Neisseria*）等，加上一大堆各式各樣的厭氧菌。厭氧菌顧名思義就是僅生長在沒有氧氣的地方。你也許很難想像我們的嘴巴裡竟然住著那麼多「有氧氣就活不下去」的細菌，因為嘴巴似乎不太可能沒有氧氣。其實這些厭氧菌就是有辦法附著在

乳酸菌（*Lactobacillus*）

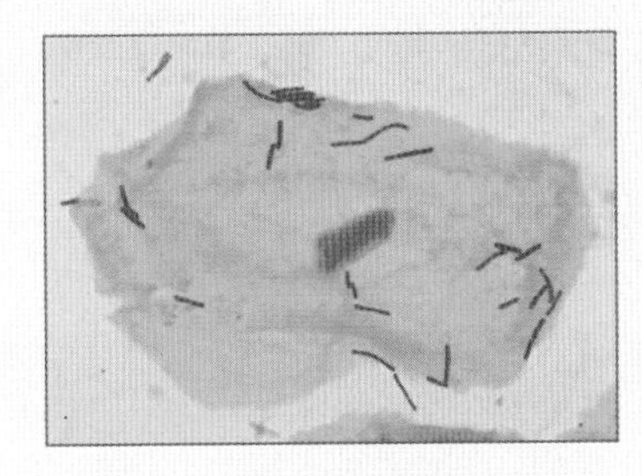

身分：細菌
住所：某些人類黏膜
嗜好：利用醣類產生酸性物質
活動：屬於保護者的成員之一，能維持酸性環境，使有害的細菌不容易入侵黏膜；它們的近親被人類拿來生產優格與優酪乳。

牙齒和牙齦的縫隙深處，在那種迷你環境中，氧氣確實到不了。

口腔裡的細菌和皮膚上的細菌差不多，都盤據了相當的面積，防止有害的細菌前來占領。怎樣可以感覺這些細菌的存在呢？不妨在早上剛起床時，用你的舌頭舔舔牙齒，是不是可以接觸到一些牙垢？其實這些東西就是所謂的「牙菌斑」，那是一個細菌群集的高密度社群，生長在牙齒表面的蛋白質薄層上。牙菌斑可說是一種特殊的生物膜，有如一塊由蛋白質、醣類、及活細胞構成的絨毯，覆蓋在牙齒表面。早上起床的口臭就是這群細菌在口腔裡幹活兒的證據。

少吃糖，多刷牙

許多人從小就知道吃太多糖會蛀牙，確實沒錯。不過吃糖是間接的原因，眞正引起蛀牙的元兇是叫做轉糖鏈球菌（*Streptococcus mutans*）的細菌。90%的人，口腔裡都可以發現這種細菌，它們利用自製的黏膠（聚葡萄糖）來附著在牙齒的裂縫或空隙中。而我們吃

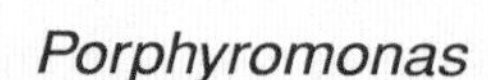

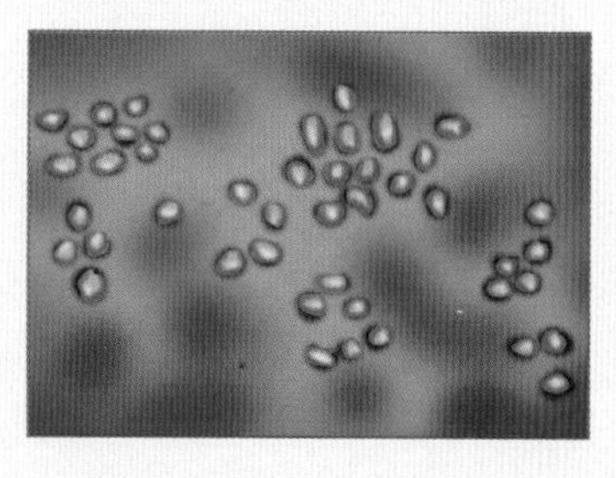

身分：細菌

住所：人類口腔牙齦的縫隙

嗜好：引起牙周病

活動：屬於機會主義者，隨時準備攻占牙齦上的空隙，使寄主產生牙周病，導致牙齒鬆脫掉落。

的蔗糖正是製造黏膠的原料。我們吃的蔗糖愈多，轉糖鏈球菌製造的黏膠就愈多，愈有利它們穩固立足點。除了黏膠幫忙打天下，轉糖鏈球菌還會分泌酸性物質和分解蛋白質的酵素，來腐蝕牙齒表面，導致蛀牙的發生。

想要預防蛀牙，我們得設法制止這種黏人的轉糖鏈球菌搞破壞。飲水中摻入的氟化物可以遏止細菌侵蝕牙齒表面的礦物質，鞏固牙齒的硬度。想要減少拜訪牙醫的次數，不妨儘量少吃甜食，並且定時刷牙以清除牙垢上的細菌。

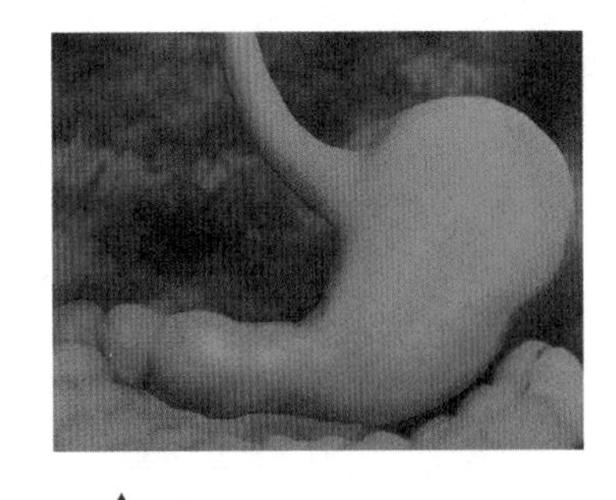

▲
胃裡的強酸環境是阻撓許多細菌入侵的利器。

胃和小腸—— 一灘酸水和一桶醱酵液

胃、小腸、大腸是消化道的三大部位，各自具有獨特的環境。每個部位在消化食物的過程中各有自己的角色扮演，每個部位也都有屬於自己的微生物農場。

每天，我們的胃裡上演一齣齣細菌大屠殺的戲碼。細菌在強酸的環境中飽受翻攪與打滾之苦，僅少數細菌耐得了這種折磨。胃液中的強酸是要讓存在食物與飲水中的病菌無法進入小腸和大腸，因爲闖入腸道中的病菌就有機會侵入體內的組織。通常，我們得吃進十分大量的細菌，才有機會讓少數的存活者在體內造成疾病。

對細菌而言，小腸彷彿是從致命的戰場（胃）通往和樂的烏托邦（大腸）必經的一段險惡橋樑。一旦來到小腸，細菌必須能夠承受膽汁的蹂躪，膽汁的作用有如清潔劑，可以將細菌撕裂粉碎。細菌在黏稠的汁液中，有如浸泡在嫩肉精裡，充分的扭曲瓦解。僅有躲在菌群最內部的細菌，因爲遠離膽汁的侵襲而逃過一劫，順利的進入較沒有毒性的大腸世界。

▲
那些逃過胃酸襲擊的細菌，到了小腸，還有一場硬仗要打。

微生物大都會

大腸（或稱結腸）是微生物群居的大都會，至少有500到600種不同的細菌定居於此，構成人體正常菌群的一部分。我們出生後的幾個小時內，這些細菌就開始聚集在大腸中，隨著我們所吃的東西不同，菌群的成員種類也會變化及增加。這些益菌能供應我們維生素，例如維生素K、維生素B_{12}、維生素B_1、維生素B_2等，讓我們吸收利用。這些益菌在大腸中自成一個高度競爭與封閉的社群，對那些闖入此地的病菌來說，想要在此立足，還需經過一番高難度的挑戰呢。

整個大腸就像一個大型醱酵桶，裡面充滿各式各樣的菌群。老實說，我們的糞便幾乎有一半都是細菌構成的。從人類誕生的第一天開始，這些細菌就馬不停蹄的爲自己的生活忙碌，致力於分解腸

▼
存活下來的細菌聚集在大腸中，活像個人口密集的大都會，這是細菌的大熔爐，有本事的傢伙都可以到這裡來。

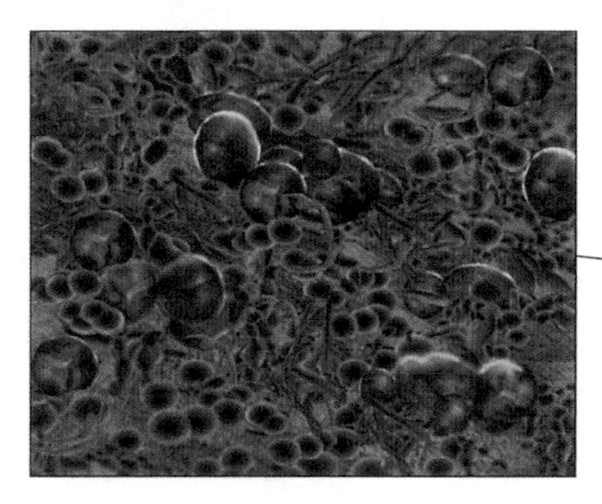

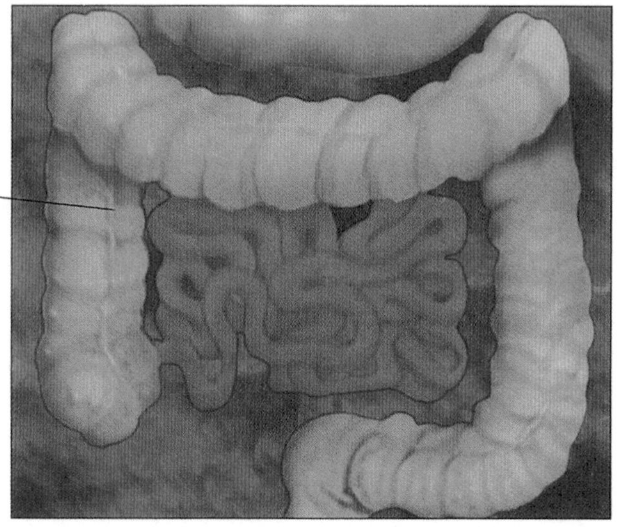

道中尚未完全消化的食物。小腸消化的終產物在細菌的努力下，進一步轉化成更小的分子，細菌既可自給自足，還可分我們一杯羹。

就拿我們吃的玉米來說，玉米裡面含有很多小腸無法消化的纖維素。但大腸內有一群細菌可以製造酵素，將纖維素分解成更小的化合物，包括葡萄糖，這是其他同居的菌群和我們都可以利用的東西。

胃裡的搗蛋鬼

如果你聽說過吃太多糖會蛀牙，那麼你一定也聽說過緊張、壓力以及胃酸過多，會導致胃潰瘍。兩者的說法都有事實根據。不過，大多數的胃潰瘍是由一種住在胃中的怪菌與免疫系統之間錯誤的搭配所致。這是過去十年來最驚人的發現之一，因此現在醫生得以利用抗生素來治療大多數的胃潰瘍。

這種能住在胃裡的怪菌叫做幽門螺旋桿菌，它們埋藏在胃壁表

幽門螺旋桿菌（*Helicobacter pylori*）

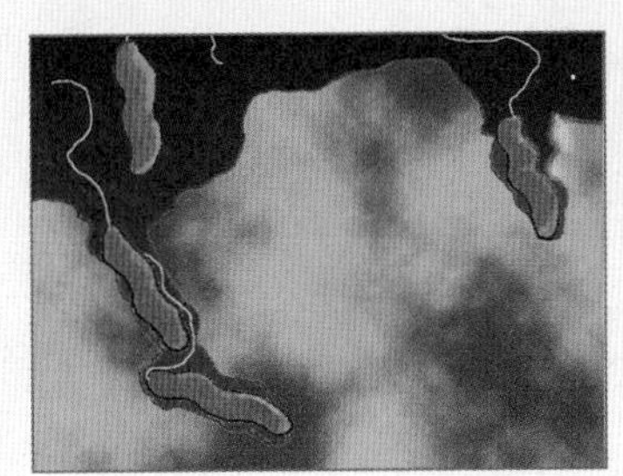

身分：細菌

住所：人類的胃

嗜好：喜歡藏匿在胃壁表面的黏膜之下

活動：身為機會主義者，幽門螺旋桿菌有時會在胃中製造一些狀況，導致胃潰瘍的發生。

面的黏膜下方，能夠分泌一種物質來中和周圍環境中的強酸。這是幽門螺旋桿菌的過人之處，胃液對許多細菌具有強烈的殺傷力，但幽門螺旋桿菌卻能愉快的生活在這裡。

進入中年之後，幾乎有半數的人都會成爲幽門螺旋桿菌的住所。我們提供它們吃的、喝的、住的，但卻不會出現胃潰瘍。這是爲什麼呢？

原來，幽門螺旋桿菌很愛挑釁我們的免疫系統，往往激怒免疫系統發動初步的無情攻擊，導致發炎反應。因此感染幽門螺旋桿菌的人，會出現沒有症狀的胃炎（也就是胃黏膜發炎）。唯有少數人的胃炎會變得比較嚴重，漸漸出現很多症狀，最後形成胃潰瘍。

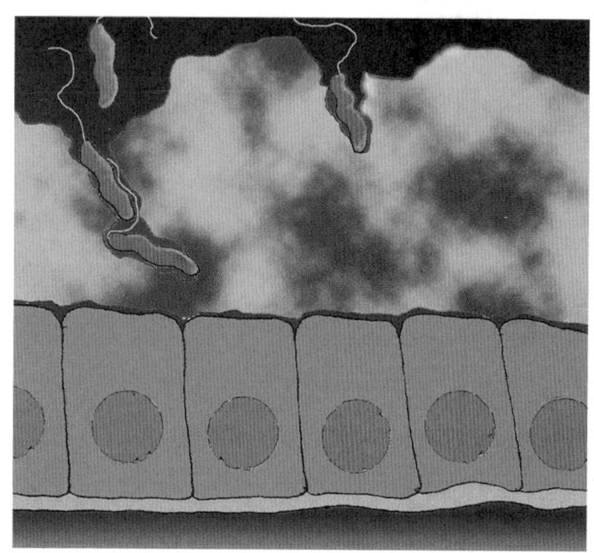

幽門螺旋桿菌潛入胃壁表面的厚黏膜……

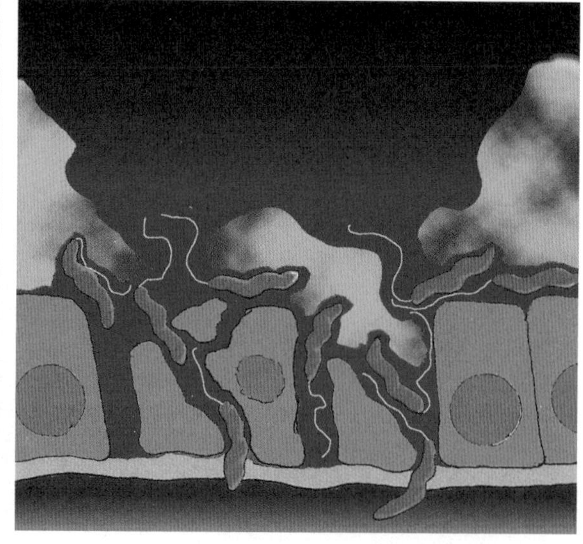

在那裡，它們的毒素加上酸性的環境以及人體免疫系統的反應綜合起來，會侵蝕黏膜層，導致胃壁受損。

寄居小腸的房客

我們的小腸內不能沒有正常菌群存在，事實上，要是這些益菌沒有在我們生命初期進駐小腸，我們的小腸表面將無法正常發育，原本應該出現微絨毛（microvilli）突起的地方將維持原來的平滑。小腸要是缺乏微絨毛，我們吃進去的營養成分和水就無法有效吸收，這將使我們的生活與健康大受影響。

雖然腸內的益菌對我們很重要，但也不是說它們一切的所做所爲都大受人類歡迎。有一件較不討人喜愛的事情就是，這些細菌會製造很多種氣體：氫氣、二氧化碳、甲烷、及其他很臭的化合物。這類活動導致我們產生脹氣或放屁。

自從半個世紀以前抗生素誕生，已幫助人類挽救許多生命。但大多數的抗生素不是很具專一性或選擇性，也就是說它們大小通吃，好的菌（益菌）和壞的菌（入侵者）都格殺勿論。存活者便逮到機會，趁著競爭局勢較爲緩和之際，大舉擴張自己的版圖。

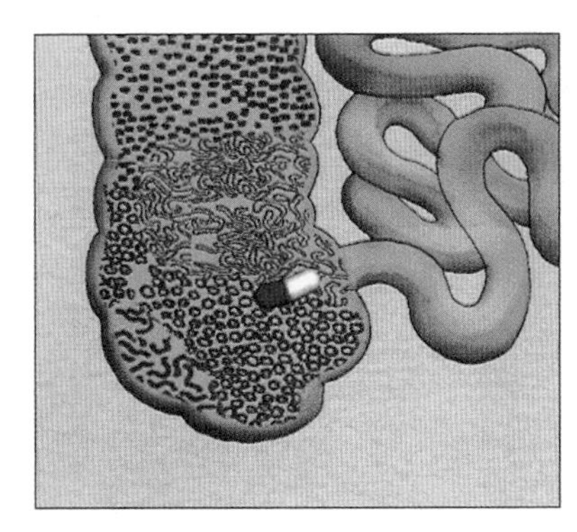

1. 大腸內原有的益菌……

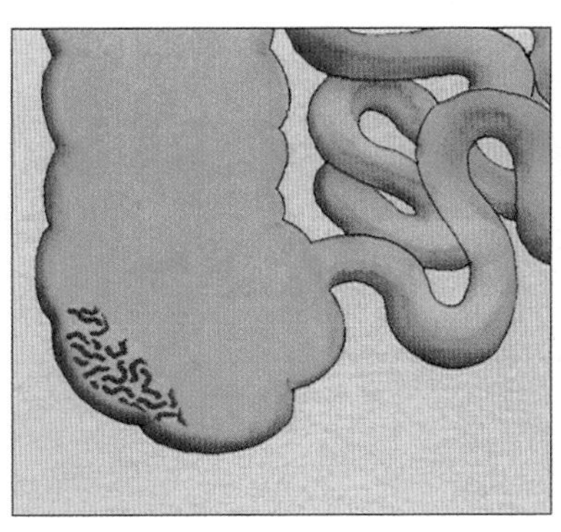

2. ……被抗生素殺光光……

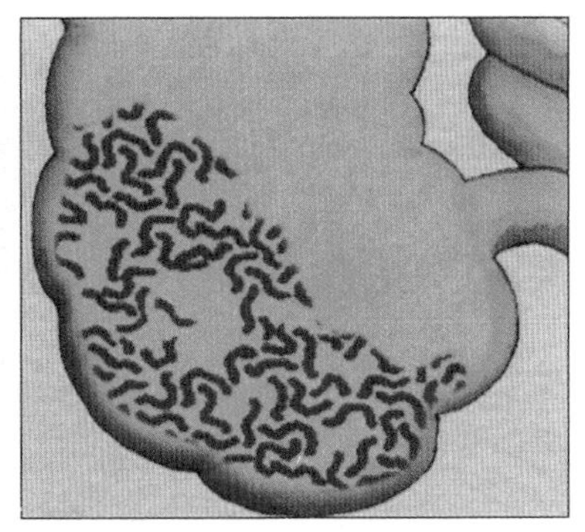

3. 結果為機會主義者敞開大門。

梭狀芽胞桿菌（*Clostridium difficile*）就是這樣的機會主義者。出現在我們的大腸時，它們的數量通常都很少。不過，當很多細菌都難敵各種抗生素的撲殺時，它們卻能大難不死，後福匪淺。

就在生存競爭減輕後，這種桿菌開始享受有如極樂世界般的生活，食物很多、空間很大。僅僅幾個小時，已繁衍到好幾百萬的數量。

然而，它們對於這種一時的優渥卻不知感恩。隨著數量的壯大，開始分泌毒素，破壞小腸壁的細胞，結果導致寄主腹瀉。有的人拉拉肚子就沒事了，但有些人則嚴重到需要住院治療；甚至少數情況下會要人命。

所以，如果藥效不佳，或非必要時，最好避免使用抗生素。梭狀芽胞桿菌（*Clostridium difficile*）和它們的毒素所引起的問題，便是理由之一。

大腸桿菌（*Escherichia coli*）

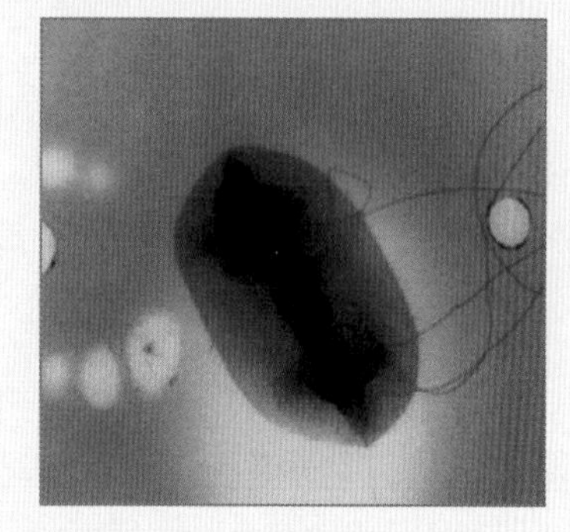

身分：細菌

住所：人類及其他溫血動物的大腸中

嗜好：醱酵

活動：身為保護者的成員之一，大腸桿菌會消耗腸內過量的氧氣，製造出適合其他腸內益菌生存的條件；當這些益菌健康生長後，可以預防病菌的入侵。

大膽的實驗

馬歇爾（Barry Marshall）是澳洲的一位年輕醫生，他站在實驗室中，準備喝下燒杯中渾濁的液體。馬歇爾明明知道燒杯裡充滿了會引起胃潰瘍的幽門螺旋桿菌，為何還要自討苦吃呢？「來吧！」他舉起燒杯，將裡面的東西一飲而盡。

你以為馬歇爾瘋啦？其實沒有。他正利用醫學研究的古老傳統，也就是讓自己感染病菌，來證明他所研究的微生物確實是引起疾病的罪魁禍首。

當時的醫生經過幾十年的訓練與經驗，都認為胃潰瘍是一種由壓力造成的身心症。面對醫界根深柢固的觀念，馬歇爾和他的老師華倫（J. R. Warren）所創的理論似乎很難令科學界的同僚採信。因此馬歇爾不得不採取這種手段來證明他們的理論是正確的。

想要證明某種細菌是造成某種感染病的元兇，科學家會利用德國醫生柯霍（Robert Koch, 1843-1910）提出的「柯霍假說」（Koch's postulates）做為判定的準繩。馬歇爾和華倫已證實了柯霍假說的兩項條件——首先是幽門螺旋桿菌與胃潰瘍有關，其次是這種細菌可以從胃潰瘍患者的胃中採集到，並在實驗室中培養。想要證實柯霍假說的第三項條件則比較困難，他必須把這種細菌拿去感染新寄主，且新寄主將因此產生胃潰瘍。由於馬歇爾找不到適合的動物做為寄主，只好親自出馬，用自己的身體做實驗。

在進行這種試驗之前，馬歇爾得先檢查他的胃黏膜，確定自己的胃很健康。光是這一點，就可能讓許多人卻步，畢竟這意味著要把一根管狀的內視鏡（胃鏡）從嘴巴伸進胃中。結果馬歇爾很高興的發現，他的胃既沒有感染也沒有受損，於是他進一步讓自己感染幽門螺旋桿菌。

在喝下含有活生生幽門螺旋桿菌的液體後，馬歇爾的胃開始隆隆作響，一個星期內，他開始覺得噁心、疲倦、而且餓得不得了。馬歇爾回去找當初幫他做胃鏡檢查的醫生，好採集新的樣本。確實沒錯，幽門螺旋桿菌正在馬歇爾的胃裡大量繁殖，導致胃部紅腫發炎，恰似胃潰瘍的症狀。看來他成功的達成柯霍假說的第三項條件。

事後有人問起對這項實驗的看法，馬歇爾只表示，那杯幽門螺旋桿菌「飲料」，簡直就像沼澤中的臭水難以下嚥。

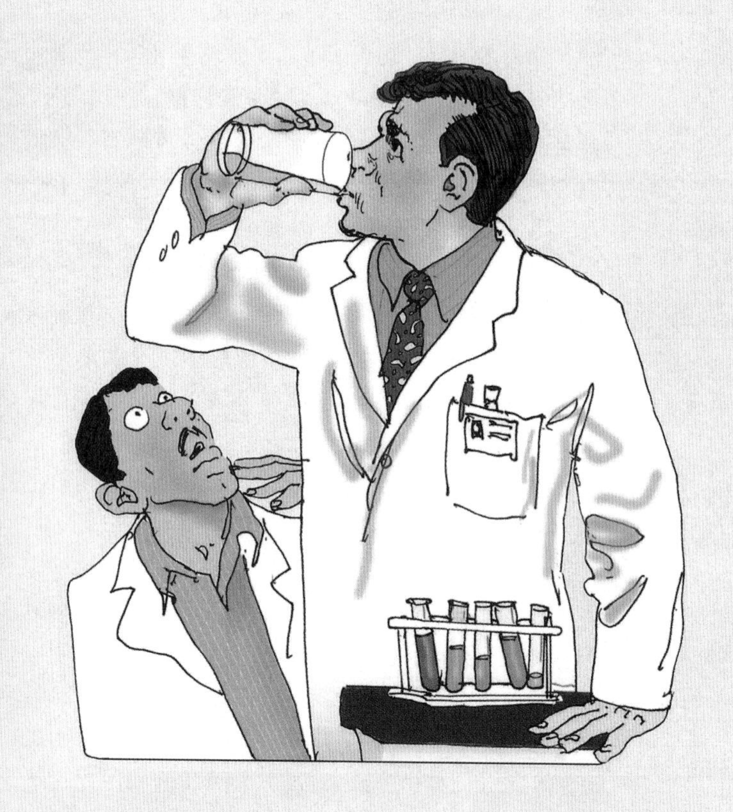

熟悉的敵人

兩物種若緊密的交織在一起，通常會演化出合作的關係。經過一段時間，即便是假想中的敵人，似乎也會進入一種適應的狀態。結果兩者變得十分熟悉，就算是敵人也幾乎要變成朋友了。

瞞天過海的傷寒桿菌

來看看傷寒桿菌的例子。一般的沙門氏菌（*Salmonella*）容易造成小腸不適、腹瀉，但同樣屬於沙門氏菌的傷寒桿菌（*Salmonella typhi*）卻會引發傷寒。

傷寒桿菌經過幾千年的人菌接觸，已演變成非得在人體內生存不可，而不會去感染其他的動物。在漫長的時間裡，傷寒桿菌已摸清楚人類的底細，成爲技巧高明的入侵者。它們會對人體細胞發出誤導的化學訊號，巧妙的躲過人體的防禦機制。我們也學會了如何減弱傷寒桿菌的致命性，不至於兩三下就一命嗚呼。

在腸壁細胞停泊

當我們吃到不乾淨的食物或喝下受汙染的飲水時，就有可能感染到傷寒桿菌。一旦傷寒桿菌通過層層關卡，順利抵達小腸，它們會利用如鞭子般的小鞭毛游到靠近小腸壁的地方，在那裡偵測一下環境的狀況。

如果酸鹼值和氧氣濃度都適宜，傷寒桿菌會把一種蛋白質推向它們細胞的表面。這種蛋白質就好像船的錨，具有停泊的功能。

小腸內壁表面分布著一種特殊的細胞，叫做「M細胞」，這種細胞的表面有一些構造恰能與傷寒桿菌的停泊蛋白質吻合。一旦傷寒桿菌的停泊蛋白質接觸到這些構造，並嵌合在一起時，它們會發出一種訊號通知M細胞：「嗨，晚餐時間到了。吃我！吃我！」M細胞糊裡糊塗的把這番話當真，細胞膜開始起皺，伸出雙臂擁抱傷寒桿菌，把它們引入家門。一旦進入M細胞，傷寒桿菌迅速的複製，不再受到小腸內各種不利條件的影響。

詭計多端

詭計多端的傷寒桿菌繼續打著如意算盤。新複製出來的桿菌從M細胞釋出後，往小腸周圍更深層的組織前進。它們可能發出新的訊息：「主人啊，我已經逃過你防禦系統的攔截，有本事就來抓我啊！」

傷寒桿菌這番嘲諷辱罵，會傳到組織裡的巡防隊那邊，它們是專門拘捕入侵者的細胞，叫做巨噬細胞（macrophage），屬於人體免疫系統的兵團之一（參見第69頁）。「巨噬細胞」顧名思義就是胃口很大的食客。負責在組織間來回巡防，緝拿那些闖入身體禁地的外來物或細菌。通常，巨噬細胞把入侵者吃下後，會用一大堆有毒的化學物質來炮轟它們，讓對方死得很淒慘。

但這招對傷寒桿菌可不管用。當巨噬細胞聽到傷寒桿菌囂張的辱罵後，會隨即趕到，當場把它們吞下去。但是，傷寒桿菌耍了一點花招，癱瘓了巨噬細胞的殺敵裝備。如此一來，傷寒桿菌不僅活了下來，更能在巨噬細胞的保護下，安心的生長繁殖。

當受感染的巨噬細胞回到血液中繼續值勤時，複製好的傷寒桿菌趁機爆破巨噬細胞跑出來，再去感染脾臟和肝臟中的巨噬細胞。它們在新的巨噬細胞中又是一陣騙吃騙喝，並繼續複製新桿菌。

儘管傷寒桿菌會造成患者嚴重的不適，不過人體的免疫系統（或是我們服用的抗生素）終將把這些細菌消滅掉。然而，在細菌被殲滅之前，它們早已成功的繁衍出更多的子孫，隨時可以去感染其他人。這就是我們與熟悉的敵人打交道的典型模式，也是一對敵手交鋒了幾千年後，共同演化出來的成果。顯然，兩方都已學會如何共生共存的道理。

傷寒桿菌的旅程

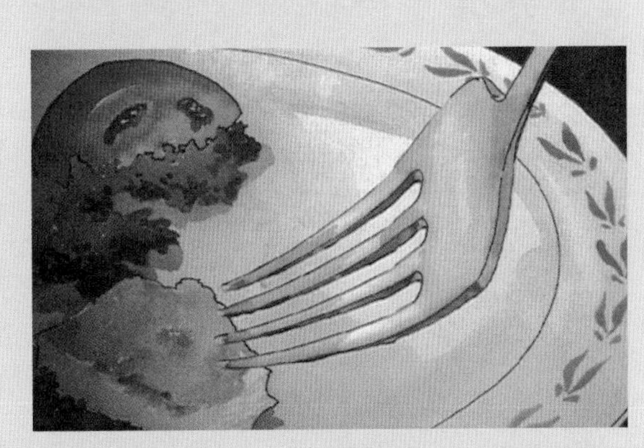

1. 傷寒桿菌通常在我們接觸到受汙染的食物或飲水時，展開它入侵人體的旅程。

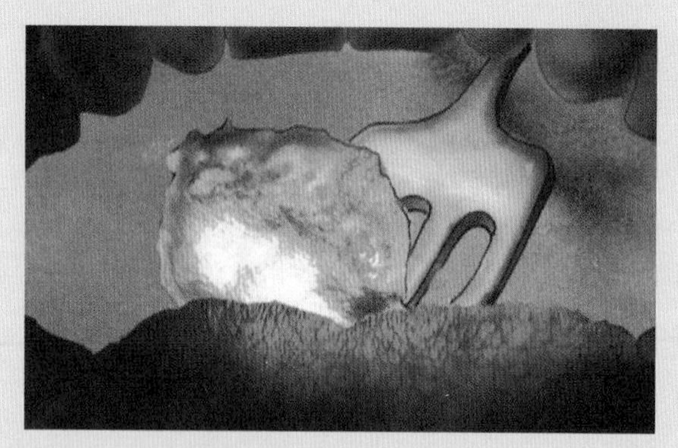

2. 首先，傷寒桿菌得逃過我們的第一道防線──唾液中的消化酵素。

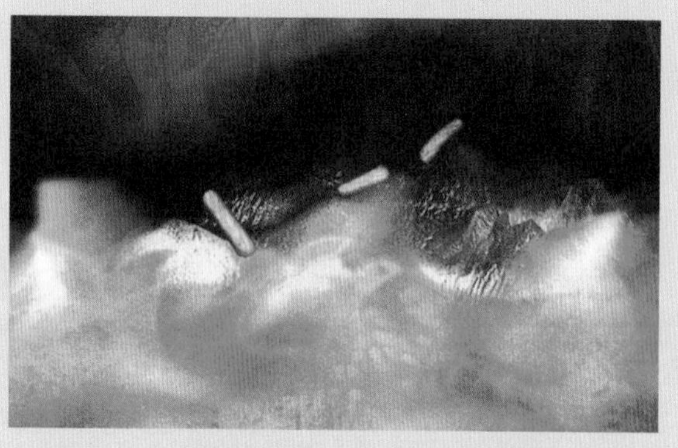

3. 再來，它得禁得起胃液裡強酸環境的考驗。

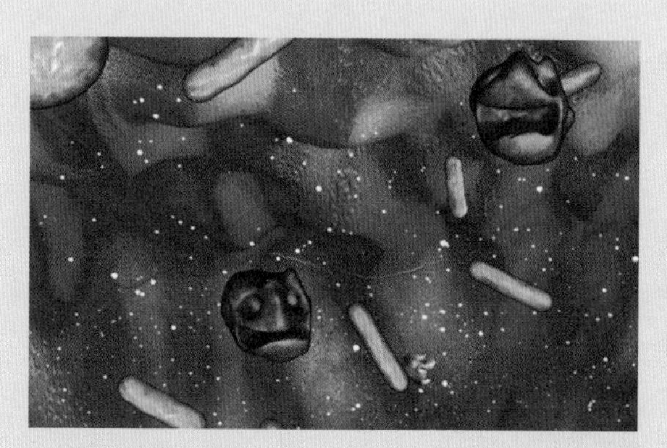

4. 通過胃酸的測試之後，傷寒桿菌面臨小腸前段的膽汁與其他化合物的猛攻。

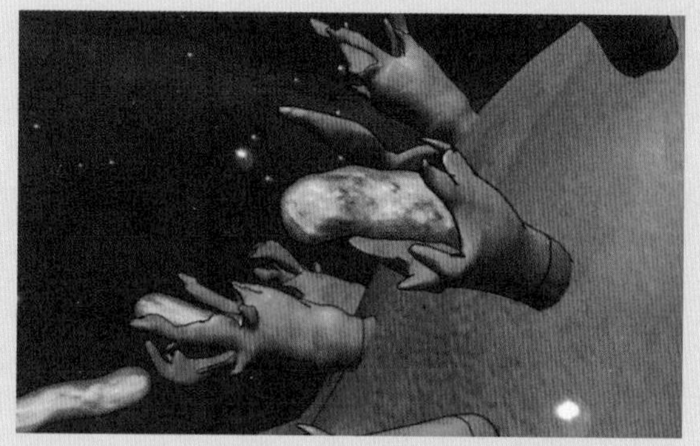

5. 突破小腸液的襲擊後，傷寒桿菌迅速進入小腸壁上一種特殊的細胞，叫做M細胞，準備從腸道轉往真正的組織內部。

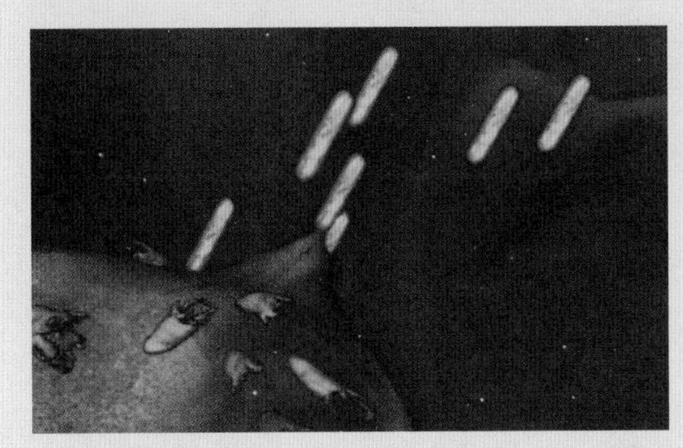

6. 入侵的傷寒桿菌在M細胞中大量繁殖，然後鑽進鄰近的組織裡。現在它們可以說真正進入身體的內部。

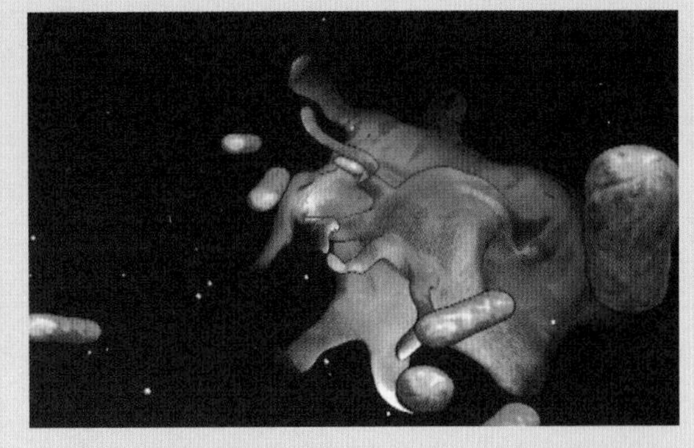

7. 在此，傷寒桿菌遇上在小腸附近的細胞間巡邏的巨噬細胞，當場就被大口的吞進去。

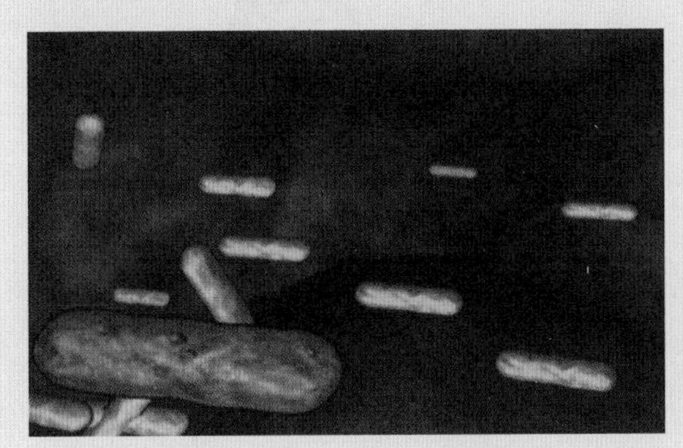

8. 巨噬細胞吃進細菌後，通常都能將細菌殺死，但聰明的傷寒桿菌耍了一點花招，癱瘓了巨噬細胞的殺敵裝備，使它們能繼續在巨噬細胞內複製。

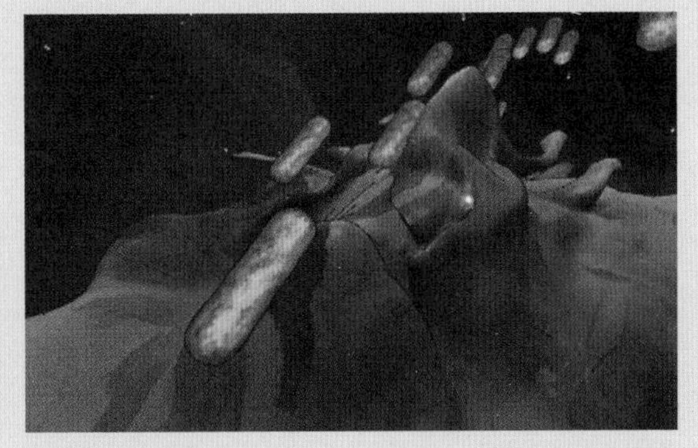

9. 當巨噬細胞回到血液中，複製好的傷寒桿菌趁機爆破巨噬細胞，釋放出來，繼續去感染其他細胞，我們也因此出現不舒服的傷寒病症。

傷寒瑪麗

傷寒桿菌是什麼？也許很多人都沒聽說過。如果最近你曾經去過開發中國家旅行，也許就會對這種病菌略有所知。但是在20世紀初期，你不必去旅行就知道這種有害的細菌，因為它就存在生活周遭，也許去餐館吃個飯，就會病從口入。

說到傷寒，人們總會想起一位赫赫有名的人物：瑪麗・馬龍（Mary Mallon）。20世紀初期，瑪麗是在紐約市工作的專業廚師。就在紐約市爆發過幾度傷寒大流行後，當地的衛生官員在斯諾（參見第84頁的簡介）的率領下開始追蹤這種疾病的起源。結果找到瑪麗身上，確認她就是傷寒桿菌的慢性帶原者。瑪麗一點兒都不知道自己正一邊烹飪，一邊散播著病菌。

結果，當局向她提出一個解決之道。由於傷寒桿菌會寄住在慢性帶原者的膽囊中，當時唯一的處方就是切除受感染的膽囊。瑪麗拒絕接受這種手術，也拒絕停止廚師的工作，警察只好強制逮捕她，並且將她監禁起來。直到三年後，瑪麗答應卸去廚師一職，從此不在餐館工作，才給釋放出獄。

但瑪麗顯然熱愛烹飪工作，她很快的改名換姓，重操舊業。她曾受雇於飯店、餐廳、醫院等地，繼續散布著傷寒桿菌，直到最後又遭取締。最後她被隔離在紐約市一家醫院裡渡過餘生。

耳熟能詳的敵人

人體是許多病菌的寄主，顯然我們和這些微生物在漫長的時間裡已發生共同演化。例如傷寒桿菌，我們和它們似乎已達到某種程度的適應。

有一些細菌確實會引發疾病，但很少讓我們致命。例如引發喉嚨疼痛的化膿鏈球菌（*Streptococcus pyogenes*），每年光是在美國就造成3,000多萬人生病，但很少人因爲感染這種細菌而死亡。

還有些細菌經常在我們體內出沒，但很少造成疾病。有10%的人喉嚨裡住著了無大礙的腦膜炎雙球菌（*Neisseria meningitidis*），這種細菌每年在美國引起腦膜炎的案例不超過2,000件。

人類熟悉的敵人還包括引發肺炎的肺炎鏈球菌（*Streptococcus pneumoniae*）、造成淋病的淋病雙球菌（*Neisseria gonorrhoeae*）、以及經

A群鏈球菌（Group A *Streptococcus*）

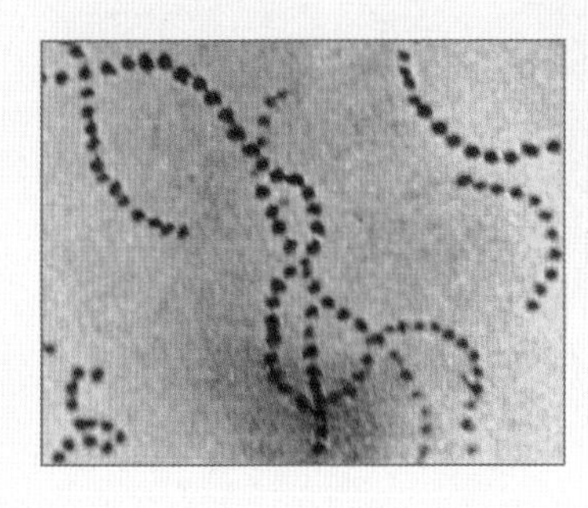

身分：細菌

住所：人類的喉嚨

嗜好：在小孩之間散布

活動：身為人類病原菌的一員，A群鏈球菌會造成患者喉嚨疼痛；不過在罕見的情況下，它們會侵入組織內部，引起嚴重的問題。它們也因此得到「噬肉菌」的綽號。

常引起皮膚和傷口潰爛發炎的金黃色葡萄球菌（*Staphylococcus aureus*）。雖然這些細菌會讓我們生病，但它們通常都能與我們維持在一種情勢緩和的局面，不會動不動就要人命。

感染不等於生病

平均每100個人裡，就有10個人會被我們熟悉的敵人感染。但並非每個受感染的人都會在與病菌接觸的過程中發病，科學家稱這種情況為病菌的「殖民」；若是真的發病，則稱之為「傳染病」。

共同演化導致互相適應

科學家相信，人類與病毒的互動之所以出現各式各樣的模式，原因之一是我們所遇上的病毒都處於不同的演化階段，造成人體與它們接觸後，出現輕重緩急各不相同的疾病。

好比說伊波拉病毒（Ebola virus）就是一種極端的例子，它們和人類的關係就像一條可怕的死胡同，感染的結果是兩敗俱傷，人體與病毒俱亡。另一種極端的情形是像人體腸道裡的正常菌群和人類的互利共生關係，這是一種雙贏的局面。在這兩種極端間則存在著一些不是那麼致命，也不是那麼友善的關係，譬如，傷寒桿菌或大腸桿菌與我們的關係。

如果我們能長時間觀察某個病原微生物與人類的互動，可能可以發現這種病菌與人類經過長時間的共同演化後所發生的改變，它可能從像伊波拉病毒那般致命，走向如傷寒桿菌這般溫和。也許，以更長遠的眼光來看，這種演化的最終結果將導致人體與病原菌的彼此適應，使我們不再受它們威脅。

儘管人菌共同演化的成果需要漫長時間的累積，恐怕很難在人的一生中完成這種觀察，科學家倒是找到一些短期內發生的案例，來支持「共同演化導致某種程度的適應」之說。澳洲的農人、兔子和病毒之間的故事就提供了這樣的線索。

農人、兔子和病毒的戰爭

在19世紀，有人專程把歐洲兔子引進澳洲大陸。沒想到，當初以爲是好事一樁，竟演變成環境悲劇。由於兔子在澳洲沒有天敵來

兔子

大多數的兔子都容易受黏液病毒（myxovirus）感染。感染病毒的兔子相繼死亡，存活下來的是較不易受感染的兔子（在此以棕色兔子表示），它們漸漸在兔群中占多數。

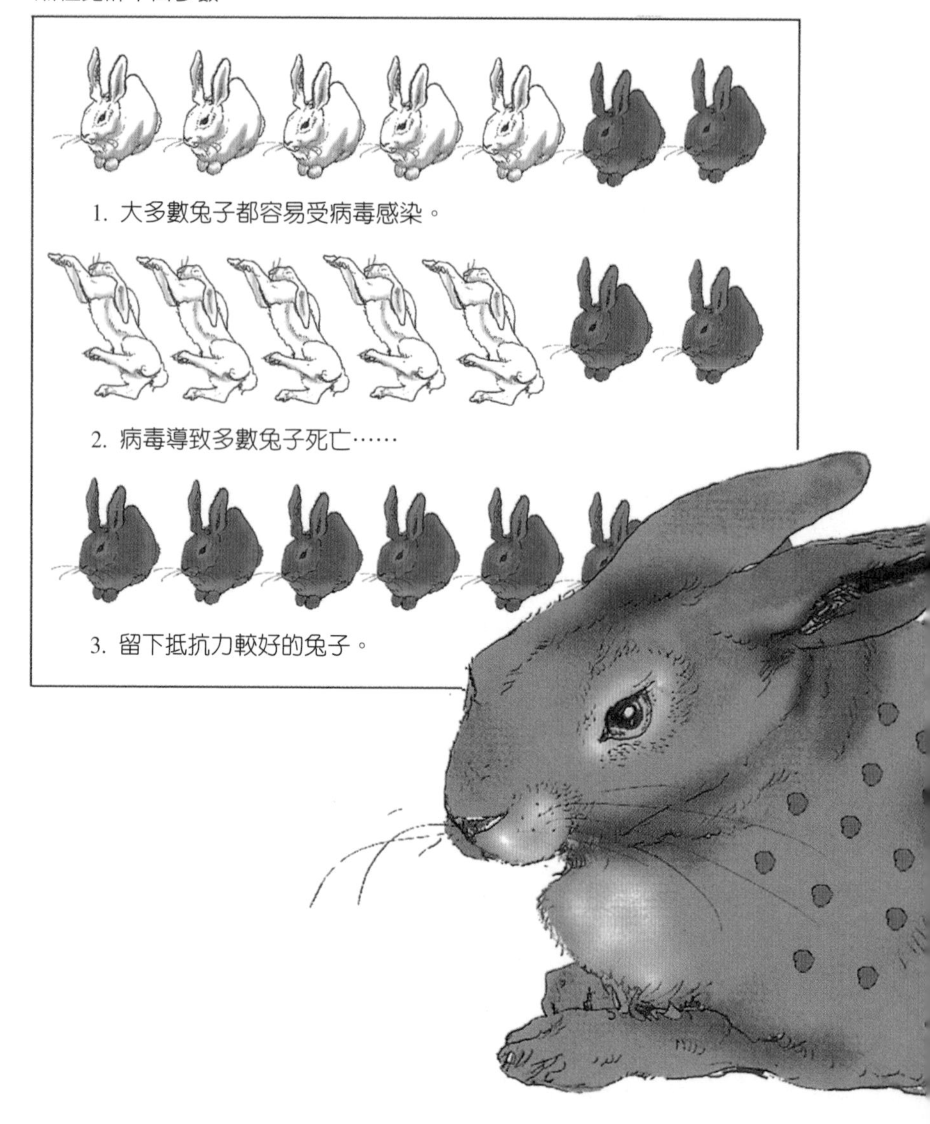

1. 大多數兔子都容易受病毒感染。

2. 病毒導致多數兔子死亡……

3. 留下抵抗力較好的兔子。

黏液病毒

大多數的病毒一開始都是很致命的。當它們殺死兔子寄主後，自己也走到絕路，留下那些比較不致命的病毒（在此以藍色表示），成為占多數的病毒株。

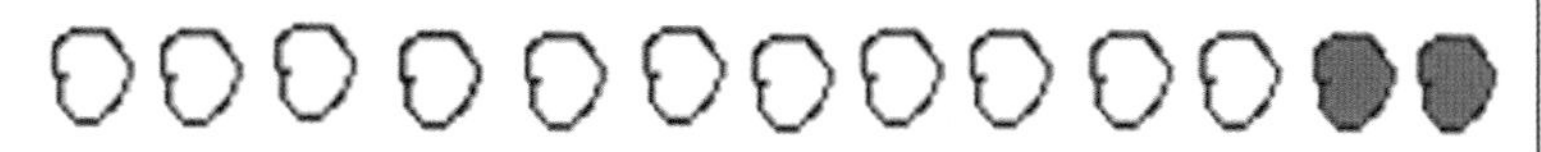

1. 大多數病毒起初都是致命的。

2. 這些致命的病毒與宿主共赴黃泉……

3. 留下致命性較差的病毒，繼續感染兔子。

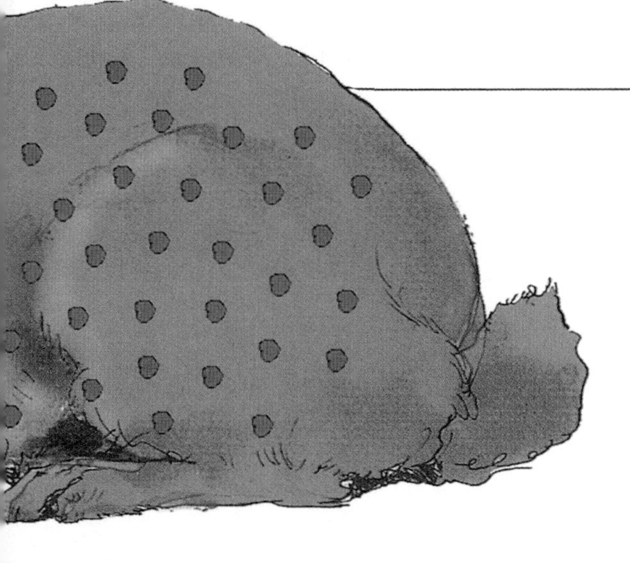

控制數量，牠們就吃飽睡、睡飽吃，迅速的繁殖開來，就像細菌那樣不斷的複製。不久，兔子的數量多到如嚴重的蟲害般，破壞了當地農人的作物以及天然的草木植物。

當時，科學家觀察到巴西兔身上的某種病毒，會造成歐洲兔爆發致命的流行病。於是他們將這項觀察派上用場，拿這種病毒去感染由歐洲進口到澳洲的兔子，以解決日益惡化的兔子問題。科學家盼望這種病毒發揮生物防治的功效（也就是運用天敵來對付讓人頭痛的生物）。結果這種策略在第一年一舉成功，至少農人認爲情形大爲改善。病毒殺死近乎100%受感染的兔子，使兔子數量大幅縮減。

短期來看，這對病毒無異是一筆天外飛來的好運，也暫時解決農人的困擾。但若是以長遠的演化角度來看，對病毒或兔子都沒好處。如果病毒把所有兔子都殺光光，就像伊波拉病毒那樣致人於死地，最後病毒將來到一個死胡同。因爲它們再也沒有兔子可感染，於是導致自身的滅絕。如果兔子的數量減少到找不到可以交配的伴侶，兔子也將滅絕。也許農人樂見兔子死個精光，但對於病毒或兔子絕對不是一件好事。

所幸，總是有一些兔子存活下來，它們像以前那樣吃很多、生很多。隔年，病毒僅殺死90%受到感染的兔子，連續幾年下來，兔子的死亡率逐漸遞減，最後降到25%。這是怎麼回事呢？

原來存活下來的兔子，大多對病毒的致命性具有天然的抵抗力，並且能把賦予這種抵抗力的基因傳給子代。在代代相傳中，容易染病的兔子逐漸淘汰，留下有抵抗力的兔子繼續繁衍。同時，病毒也發生演化。最成功的病毒是那些比較溫和的病毒，因爲感染到溫和病毒的兔子還可以四處遊走一段時間，不會立即斃命，所以能將病毒散布給更多的兔子。結果較溫和的病毒數量愈來愈多，成爲占優勢的病毒株。

天擇作用在兔子及病毒身上，導致兩者互相適應。現今，病毒和兔子依舊生活在澳洲，而農人與兔子的戰爭還沒完沒了呢。

鐮形血球——演化也懂得兩害相權取其輕

每年有2億到3億人口飽受瘧疾之苦，早在有文字記載的年代以前，這種病已困擾著人類。不過瘧疾倒是提供一個鮮明的例子，讓我們見證微生物與人類之間所演化出來的適應情形。

瘧原蟲（*Plasmodium falciparum*）是引起瘧疾的微生物，它會帶來

瘧原蟲

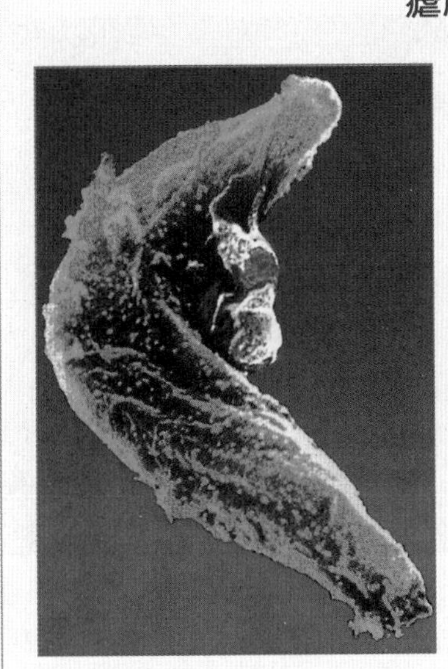

身分：原生動物

住所：蚊子的消化道與人體血液中

嗜好：在紅血球中隨著血液循環

活動：人類的病原之一，會引起瘧疾，造成許多人死亡，某些情況下甚至改寫人類的歷史。

嚴重的疾病，甚至有致命的危險，每年在全球某些地區，有上百萬的小孩死於瘧疾。

許多住在這些瘧疾流行地區的居民都帶有一種遺傳疾病，叫做鐮形血球性貧血症（sickle cell anemia）。患者由於先天的基因缺陷，導致紅血球中的血紅蛋白（血紅素）形狀異常。

異常的血紅蛋白與正常的血紅蛋白僅有一個胺基酸不同，卻造成整個分子改變原來的形狀。當患者的紅血球中缺氧時，異常的血紅蛋白呈現棒狀，且與其他同樣異常的血紅蛋白串連，在紅血球中形成結晶。

異常的血紅蛋白彼此聚集後，導致紅血球變得僵硬、沒有彈性，外形類似一把鐮刀；正常的紅血球則是柔軟、有彈性，外形像

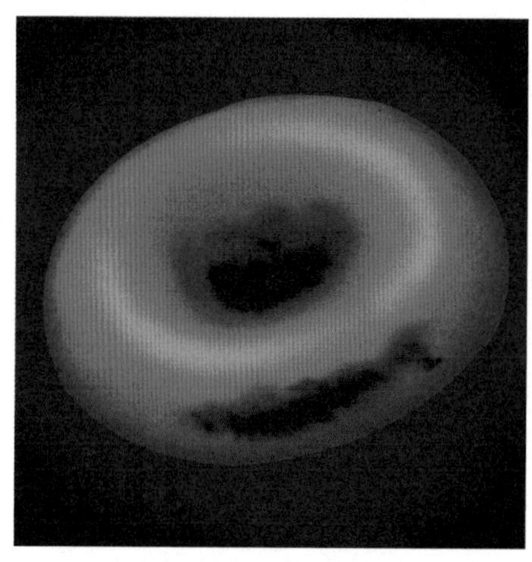

1. 正常的紅血球表面平滑、柔軟，像個有彈性的圓盤，可以在最狹窄的微血管中自由流動。

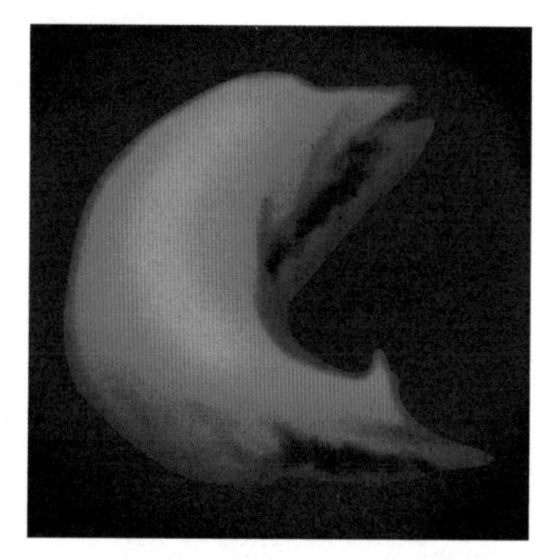

2. 發生異常的鐮形紅血球，外形狹長，且比較脆弱，會很快的從血液循環中給移除。

個甜甜圈。在正常機制下，身體移除鐮形紅血球的速率比移除正常紅血球還快，導致患者出現貧血症狀。由於鐮形血球性貧血症潛在致命的可能性，因此在族群中應該有強大的篩選壓力，來淘汰這種遺傳疾病。但是在瘧疾流行的地區，卻有高達四分之一的人口帶有這種疾病。

兩害相權取其輕

爲何如此呢？原來引起瘧疾的瘧原蟲在生命週期的某個階段會去感染紅血球。科學家發現，當瘧原蟲感染的是鐮形血球性貧血症患者的紅血球時，會導致患者出現更多鐮形紅血球（也許是因爲瘧原蟲降低了紅血球中的氧濃度）。

前面提過，鐮形紅血球在體內的代謝速率比正常紅血球還快，所以鐮形紅血球患者雖然感染瘧疾，卻能迅速將鐮形紅血球移除，連帶把血球內的瘧原蟲一併送去分解掉，如此將大大減低瘧疾的致命性。結果，帶有鐮形紅血球的小孩比較容易從瘧疾感染中存活下來，並將他們異常的血紅蛋白基因傳給下一代。

可見在瘧疾流行的地區，演化讓「如何與瘧疾共處」成爲優先考慮的事情，甚至不惜以鐮形血球性貧血症這種可能致命的遺傳疾病爲代價，來保住瘧疾感染者的性命。看來演化似乎也懂得「兩害相權取其輕」的道理。

最致命的陌生訪客

有些傳染病似乎能在短時間內突然在某族群中爆發開來，科學家稱這種現象為「突現」(emergence)。

過去二十年來，醫學研究人員已發現不下20種突現的傳染病。其中有些是由於人類製造新產品或開拓新棲地所惹的禍，例如中毒性休克症候群（toxic shock syndrome）和萊姆病（lyme disease ，參見第61頁）。其他則是病原菌發生演化的結果，使它們產生新的機制，可以逃過人體免疫系統的監視（例如香港流行性感冒病毒）或能夠抵抗我們使用的抗生素。還有一些突然爆發的疾病，例如漢他病毒肺病症候群（hantavirus pulmonary syndrome），則是一連串環境因素造成病原微生物有機可乘的結果。這些都是人類最危險的敵人之一。

嗜肺性退伍軍人菌
(*Legionella pneumophila*)

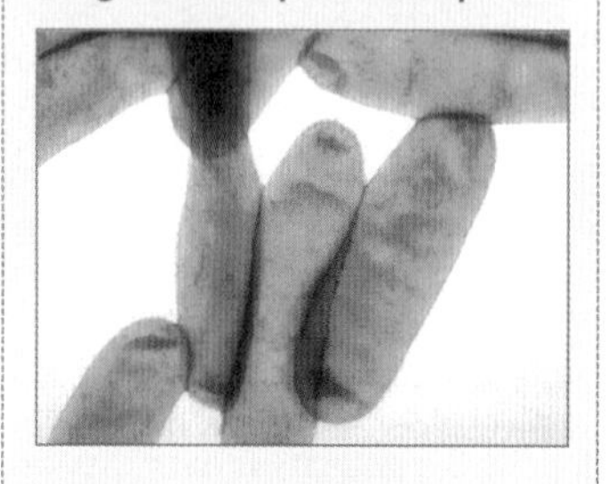

身分：細菌
住所：在溪流與湖泊中與變形蟲同住
嗜好：待在熱水槽及散熱系統的冷卻塔中
活動：屬於機會主義者，如果吸入龐大的菌數，會引發肺炎。

與最可怕的敵人交鋒

那些引起突現疾病的微生物通常都以別的生物為寄主，人類會被感染都屬於意外發生的事件。這類病原對它們原來的寄主也許沒什麼大礙，但對人體而言，卻是不尋常的陌生人，而且通常會變成最致命的敵人。

引起退伍軍人症的嗜肺性退伍軍人菌，在正常情況下，是與變形蟲共處於淡水的環境中，世界各地的溪流、湖泊都有它們的蹤跡。當我們從空氣中吸入被退伍軍人菌汙染的小水滴，就會受到感染，1976年在美國費城的退伍軍人大會中所爆發的那一場大感染，

▲
搭錯便車
——人畜共通的微生物
狗、貓、臭鼬、浣熊、蝙蝠等都可能成為狂犬病毒的寄主，並罹患可怕的感染病症。當人類遭到感染狂犬病毒的動物咬傷時，也會遭逢這種病毒，同樣引發致命的疾病。

就是明顯的一例，當時有34人喪命，221人住院治療。事後，科學家在某家飯店的空調冷卻塔中發現這種細菌和它的變形蟲夥伴。

發生在薩伊共和國北部和蘇丹南部的伊波拉病毒，以及在美國西南部出現的漢他病毒，是更可怕的傳染病爆發案例，它們來無影去無蹤，行徑相當離奇莫測。這類病毒來路不明（科學家尚未了解它們的自然寄主），卻在一小群人口中迅速散布開來，幾小時到幾天內就會奪走人命。

儘管這些病原微生物對人類帶來極大的威脅，但從它們自己的角度來看，這種突然爆發的策略並不算成功。由於退伍軍人菌無法直接從病人身上傳給另一人，因此當它們感染人類後，等於斷絕自己複製繁衍的後路。

伊波拉病毒倒是可以經由人與人之間的親密接觸來傳染，但因爲它很兇猛、很快就殺死受感染的人，等於也把自己送上演化的絕路，因爲沒有寄主可以再供它們感染了。與我們熟悉的敵人（例如傷寒桿菌）很不同，伊波拉彷彿是一種行蹤成謎的病毒，它們不知打從哪來，突然的現身、迅速的入侵、大肆的破壞、又神祕的消失。

伊波拉病毒（Ebola virus）

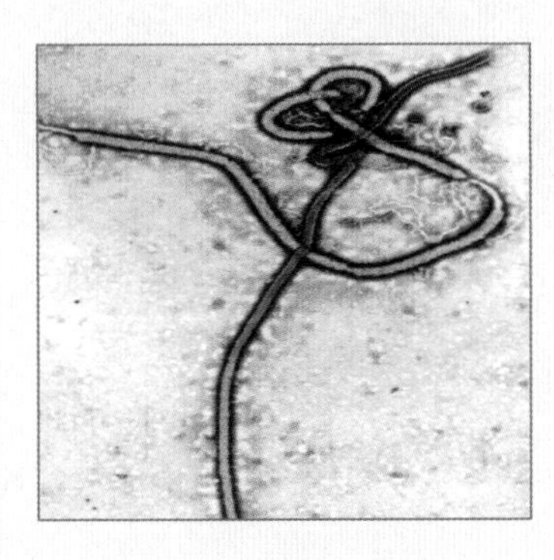

身分：病毒

住所：非洲的某個角落，但沒有人確知它們的起源

嗜好：還是個謎團

活動：屬於致命的病原，伊波拉病毒的生命週期，本來與人類無關，但是當它們搭上某種寄主（至今未明）的便車，就會在人群中爆發可怕的疾病；看過達斯汀霍夫曼主演的電影「危機總動員」（Outbreak）的人，就知道伊波拉病毒的可怕。

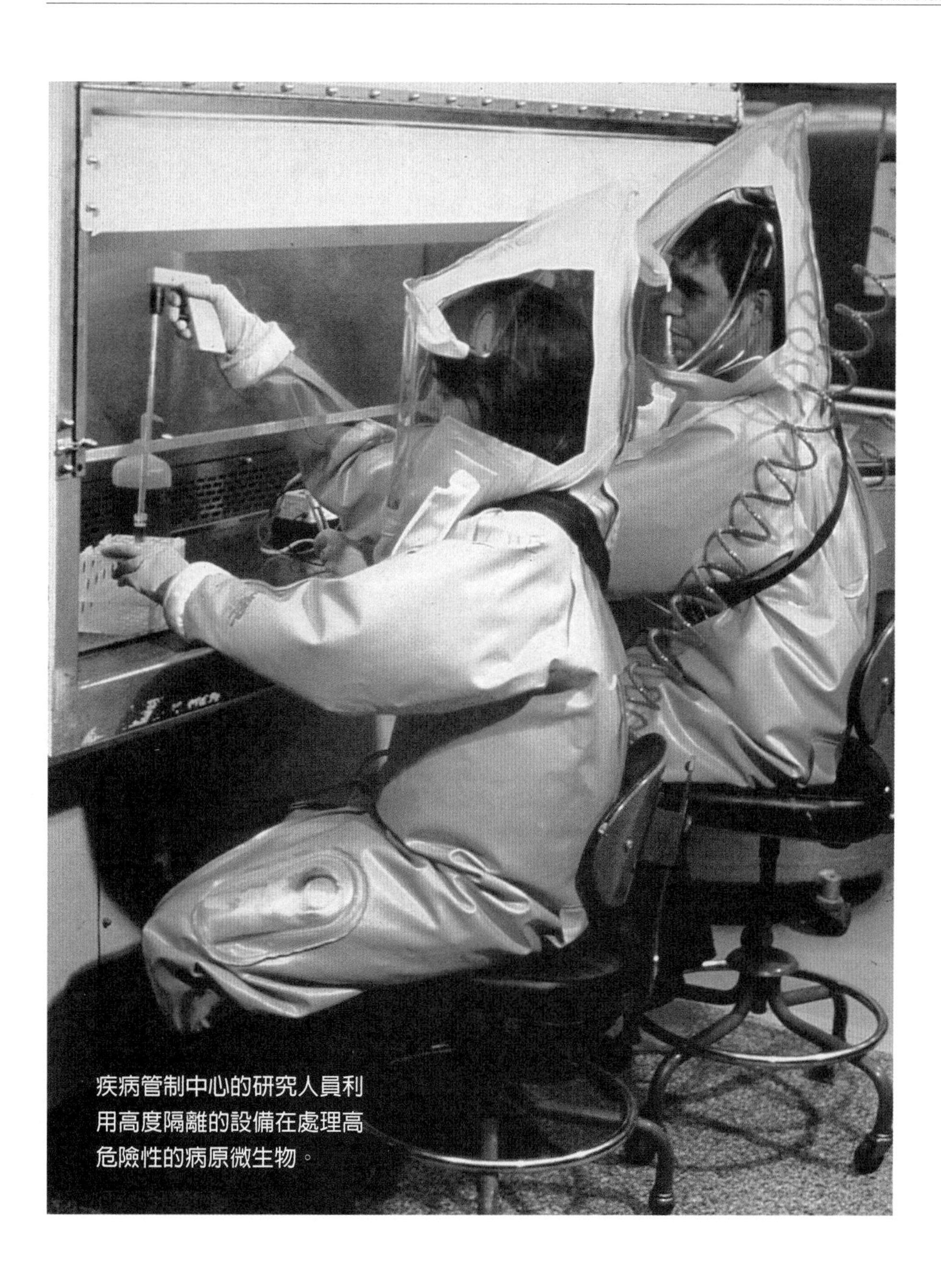

疾病管制中心的研究人員利用高度隔離的設備在處理高危險性的病原微生物。

改寫人類歷史的微生物

人類對於突現的傳染病並不陌生，其中有幾樁事件甚至改寫人類的歷史。

中世紀發生在西歐許多城鎮的鼠疫（或稱黑死病），就是突然崛

我用自己的手把五個孩子埋在一條土溝中，很多其他的人也是這麼做……沒有喪鐘響起，也沒有人流淚，因爲幾乎大家都等著死亡的降臨……人們都相信這是世界末日。

——《世界文明史》，杜蘭（Will Durant）

起的流行病，造成嚴重的傷亡。鼠疫桿菌（*Yersinia pestis*）正是闖下這場滔天大禍的元兇，它藉由跳蚤爲病媒，在鼠類及其他嚙齒類動物之間散布。跟著中東貿易商船一起抵達歐洲商港的褐家鼠身上，有跳蚤寄生，這些跳蚤正是鼠疫桿菌的帶原者。原本歐洲當地的英格蘭鼠對這種跳蚤具有抵抗力，但褐家鼠來勢洶洶，繁殖的數量很快超越當地的老鼠，等於是爲鼠疫桿菌建立了新據點。

當飢餓的跳蚤跳到人的身上，就會把它們攜帶的鼠疫桿菌傳給人。鼠疫桿菌因此獲得好機會來拓展新的寄主範圍，它們對這種事可是樂此不疲呢。一旦有人受感染，這個人可以經由空氣直接把鼠疫桿菌傳播給其他人，不必再經由跳蚤的媒介。這種傳染途徑實在很有效率，經過4年後，西歐大約有四分之一的人口死於鼠疫。

這場黑死病浩劫殺死太多人，使西歐社會花了整整一個世紀才恢復人口數量。由於勞工短缺，使得按時給薪的工作逐漸受到歡迎，這種情形讓許多人擺脫當時封建制度的階級限制，或許也是造成封建制度漸趨頹微的原因之一。

對任何能在人類寄主中存活的病原微生物而言，能夠直接在人群中傳播（而不必經由任何媒介），可說是一大優勢。以中世紀的黑死病來說，當人類接觸到被跳蚤（帶有鼠疫桿菌）寄生

▲
鼠疫桿菌感染跳蚤，跳蚤寄生老鼠身上，它們之間的關係原本是相安無事的，但是當人類不幸捲入這種循環中，竟造成空前的黑死病大浩劫。

的老鼠時，鼠疫桿菌就有機會去感染人體。前面說過，當鼠疫桿菌以人類爲新寄主時，等於大大提升散播的機會，因爲它們可以直接在人群中從甲傳給乙。加上當時的人彼此比鄰而居，人口都聚集在小城鎮裡，鼠疫桿菌因此逮到大好機會在人群間大肆擴散，爲自己締造輝煌的戰績。

還有其他的病原也在人類的文明史中留下不可磨滅的一頁。像是赫赫有名的天花病毒，當初是由西班牙探險隊把它引進美洲大陸，沒想到卻造成兩大帝國的衰亡。天花病毒在阿茲特克帝國與印加帝國殺死數百萬人，連他們的君王也性命難保（因爲當地人先前從未接觸過天花病毒，免疫系統的抵抗力不足）。這使得稍後的科爾特斯（Hernando Cortez）和皮薩羅（Francisco Pizarro）都僅率領小兵團就輕易征服了中美洲的兩大帝國。

相反的，漢他病毒不會直接從某人傳給另一個人。與1993年美國西南部發生的漢他病毒大流行相似的傳染病爆發，也在別處出現過，只是規模都不像中世紀的黑死病那樣駭人。不過1996年發生在阿根廷的變種漢他病毒事件倒是引起專家的注意。安瑞雅（Delia Enria）是阿根廷醫生，也是病毒學家，她發現漢他病毒能在人與人之間傳染的證據，這種直接的傳染途徑就像引起黑死病的鼠疫桿菌那樣。幸好，這種不需以老鼠爲媒介的阿根廷變種漢他病毒已消失，公衛醫療人員也總算鬆了一口氣。

諸如此類的事件不斷提醒我們，微生物的一點小改變，都有可能導致人群中爆發傳染病的危機。

不論是黑死病或是漢他病毒的故事，和大多數突現的疾病一樣，它們背後都牽涉了一連串複雜的事件。追蹤新疾病爆發的過程，可能讓你覺得好像在讀偵探小說那樣詭譎多變。

改變戰術的病毒

有小瑞士之稱的巴里洛奇（Bariloche），是阿根廷南部的觀光渡假小鎮，然而1996年9月爆發的一場漢他病毒事件，劃破了當地的寧靜。不過這次的爆發與之前在美國西南部所發生的版本不太一樣。一位在巴里洛奇治療患者的醫生不幸染病了，他前往1,600公里之外的布宜諾斯艾利斯，去向一位專家求救。結果，這位專家也病了，沒多久專家的太太也病了。三人相繼死去，且經診斷都是由漢他病毒肺病症候群所致。

阿根廷醫生安瑞雅

奇怪的是這位住在布宜諾斯艾利斯的專家和他太太，並未接觸到攜帶漢他病毒的老鼠，也沒有到巴里洛奇去旅行。為何會染病呢？

安瑞雅是阿根廷醫生，也是研究鼠類媒介的病毒傳染病的專家，她開始懷疑漢他病毒有人對人的傳染路徑。以往所見的漢他病毒並不會由人傳給人，如果安瑞雅的猜測屬實，那將是很可怕的局面。因為這暗示新種的漢他病毒已出現，它們不必再仰賴老鼠傳媒來散布。

安瑞雅趕緊連絡在遠在美國疾病管制中心服務的老友彼得斯。雖然彼得斯對這套說詞抱持保留的態度，但他心知肚明的是，如果此話當真，後果將不堪設想。於是，疾病管制中心派遣一個小組前往阿根廷協助調查。結果，他們所發現的一些現象，讓我們不得不對微生物不可思議的通天本領感到不寒而慄。

在排除了所有其他的傳染途徑後，安瑞雅和彼得斯一致倒向唯一可能的結論，就是他們稱之為「安地斯變種」的漢他病毒，的確能在人與人之間傳染，藉此，病毒直接把人體當做主要的繁殖場，不再經由老鼠為媒介，可說大大提高了繁衍的效率。省去老鼠做為橋樑，意謂著這種病毒從此可以跟隨乘客跳上飛機，在短短的幾個鐘頭內，散布到世界其他角落。

巴里洛奇事件還算幸運的落幕了，沒有再出現其他的病例。也許漢他病毒把自己的氣力耗盡後，自生自滅了。但這個事件卻再次提醒人類，我們與微生物是一對永恆的舞伴，在每一齣舞碼中，人類未必都是帶領者，有時我們也得隨微生物起舞。

愛滋病──現代版的黑死病

大約在1980年代早期，出現了另一種新的疾病，所有染病的人都難逃一死。由於這種疾病的受害者屬於遭社會譴責、唾棄的一群人，因此在當局來得及反應之前，這種疾病已悄悄的擴散、蔓延開來，演變成一發不可收拾的流行病。這種疾病就是如今大家耳熟能詳的愛滋病（AIDS，全名爲後天免疫缺乏症候群），它挑戰著我們的偏見，也揭露了美國及其他國家的政府效能與醫療能力。

現今，工業化國家已投入龐大的人力，從事科學研究與公衛調查，以了解愛滋病的由來、治療的方法、以及如何控制愛滋病毒（HIV virus，全名爲人類免疫缺乏病毒）的散布。儘管在美國還有100多萬人感染此病，在歐洲也有100至200萬名的患者，但許多人相信人類已經控制住這個流行病。

真的如此嗎？像愛滋病毒這樣的新病原所帶來的巨大衝擊，最能彰顯已開發國家與開發中國家之間的不同。就在《觀念生物學3、4》寫作期間，愛滋病在非洲下撒哈拉沙漠區已變成全面流行的規模，情況之嚴重，是繼16世紀阿茲特克族人爆發天花大流行之後，最慘絕人寰的傳染病。

在波札那（Botswana），愛滋病毒使人民的平均壽命從61歲驟降到47歲。在辛巴威和其他鄰近國家，每4到5個成人中，就有一名感染愛滋病毒。目前，全球有3,000萬人感染此病毒，其中2,600萬人是住在下撒哈拉沙漠區的34個國家中。這種可怕的疾病已使非洲大陸變臉，和14世紀那場改變歐洲歷史的黑死病浩劫所差無幾。

非洲並不是唯一籠罩在愛滋病陰影下的地區。韓奎特（Germaine Hanquet）是一位比利時籍的醫生，也是「無國界醫生組織」（Doctors Without Borders）的成員。她親身經歷了經濟發展程度不同的非洲與中美洲的顯著差別。在非洲行醫的那段期間，她見識到愛滋病毒帶來的劇烈衝擊。後來她來到宏都拉斯的首都德古斯加巴（Tegucigalpa）服務，便將她在非洲的經驗運用到一項新計畫中，目標是讓5,400名露宿街頭的小孩免受愛滋病的威脅。

韓奎特說：「我之所以來到宏都拉斯從事愛滋病防治工作，是因為這個國家有嚴重的愛滋病問題。在這個面積僅占中美洲土地17%的小國家，愛滋病案例卻占該地區所有病例的60%到70%。

「我們必須趕緊採取行動。愛滋病正在整個國家蔓延。這是我們可以預防的疾病。當你身為醫師，你知道你是可以為這種疾病貢獻一點心力的。」

黑猩猩沒事，人類卻飽受威脅

現在科學家相信，人類的愛滋病毒是從一種感染黑猩猩的類似病毒那裡演化過來的，這種病毒叫做猿猴免疫缺乏病毒（simian immunodeficiency virus）。奇怪的是，它並不會在黑猩猩體內引起致命的疾病。我們還不清楚是否這種病毒在改變寄主時，自己也會發生改變，或是說人類與黑猩猩之間的重大差異，導致它只對人類造成致命的威脅。如果能解決這個問題，我們就能洞悉人類的愛滋病到底是怎樣來的。

懵懂無知的寄主

許多突現的疾病都是因爲人類改變生活方式惹的禍。人類不斷的擴充人口，導致兩項重大的改變──都市化的增加以及偏遠地區的開拓。

不論我們居住在城市或郊區，人口都愈來愈稠密。人們的住所愈鄰近，就愈有利微生物在人群中散播或是藉由我們飼養的動物傳染給我們。特別是在缺乏妥善的衛生設施與乾淨飲水的城鎮，問題更顯而易見。受汙染的飲水將導致病原微生物（包括沙門氏菌、大腸桿菌、A型肝炎病毒，以及各種腸內寄生蟲）的散布，引起腹瀉、痢疾之類的問題。

當人類把追求大自然的恬靜與優美當做一種休閒娛樂，或是想開發利用新土地時，也會不經意的讓自己誤入「微」機四伏的新環境，在不知不覺中拓展了人類與病原微生物接觸的機會。

一個被微生物顛覆的系統

1993年，發生在美國威斯康辛州密爾瓦基市的汙水感染事件，讓我們體會到在人口密集的工業化地區，乾淨飲水的重要性。那年，一場不尋常的豪雨淹沒了該市的地下汙水處理系統，使當地的飲水供應受到嚴重的汙染，導致40萬人發生隱孢子蟲症，這是由寄生性原生動物隱孢子蟲（*Cryptosporidium*）引起的下痢。

萊姆病就是大家熟知的案例。「老萊姆」（Old Lyme）是位在美國康乃狄格州的一個小鎮，當地的母親首度發出警訊，讓萊姆病成爲醫學界關注的焦點。當初這些媽媽發現自己的小孩出現類似幼年型類風濕性關節炎的病症。現在我們已經知道這一連串的發病是來自什麼感染源，也知道病菌是怎樣崛起的。

19世紀，移民爲了開發農地，大舉砍伐美東各州的古老森林，導致居住在森林中的鹿群數量以及它們的天敵數量開始下滑。隨著農業向西部大平原移進，當初遭破壞的林地又逐漸恢復，形成新森林，裡面都是新生的樹木。這種新興環境對鹿群有利，但對牠們的掠食者（天敵）不利，因此鹿群的數量又開始增加。

隨後，人類的足跡也開始涉入這片鹿群繁多的林地。人們在那裡蓋房子、闢小徑、從事休閒活動，殊不知也因此自投羅網，讓自己成爲伯氏疏螺旋體（引起萊姆病的病原）的新寄主。這種螺旋體有複雜的生命週期，它藉由鹿蜱在鹿與鹿鼠之間傳播，但對這些寄主

伯氏疏螺旋體（*Borrelia burgdorferi*）

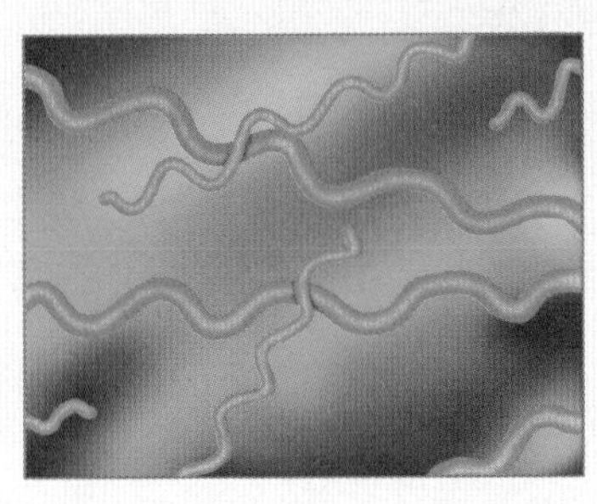

身分：螺旋體

住所：蜱、白腳鼠、鹿

嗜好：喜歡遷移到皮膚，引起表皮長疹子

活動：屬於一種機會主義者，感染人體後會引發萊姆病。

或媒介都沒有什麼大礙。人類在不知情的情況下闖入這種天然的循環中，不僅成爲讓鹿蜱大快朵頤的盛宴，也爲伯氏疏螺旋體開啓登陸新寄主的機會大門。萊姆病是目前美國最普遍的蜱媒傳染病。

足智多謀的訪客

微生物演化的速率比我們快得多。很多細菌繁殖快速，往往20分鐘就可以產生新一代。除此，細菌動不動就會玩起基因大洗牌的遊戲，有福同享的把好用的基因傳給周遭同伴，就像我們喜歡把美味佳肴的食譜與人交換那樣。

現在請你想像這種瘋狂的景象：假設每個人都像細菌一樣，每20分鐘就可以生出一個小嬰兒，並且能將自然捲毛髮的基因傳遞給周遭的親朋好友，那麼幾個鐘頭內，從你的左鄰右舍到整個社區內都將充滿捲毛的人。在微生物的世界中，這種基因大洗牌的活動經常導致細菌出現各種新本領。

新的基因爲細菌帶來新生機。某些經過洗牌的基因賦予細菌新訊息及新設備，更有利它們入侵人體。好比說，新基因使它們更有效的獲得食物、更能挫敗我們的防禦系統、更能驅除有保護作用的益菌群。以大腸桿菌爲例，它們常常會把製造毒素的基因與它們的親友分享，這些毒素存在生肉中，當我們吃下未煮熟的漢堡肉，就會發生腹瀉。就連素食者也難倖免，科學家發現，從蘋果到萵苣，都可能出現這種喜歡拿毒素基因餽贈親友的細菌。

變臉秀與閃躲功

如果微生物能躲過免疫系統的偵查，進入人體大肆搜括、爲所欲為，就像小偷闖空門那樣擄走很多珠寶，那麼它們肯定是微生物中的佼佼者。

科學家已證實微生物能戴上新面具，來騙過人體的防衛隊。無所不在的流行性感冒病毒就是一種「變臉」高手。這種病毒動不動就發生基因突變和基因洗牌，每次都換一張新面孔，讓我們老實的免疫系統一時辨認不出來，造成免疫細胞的反應總是慢半拍，病毒便趁機壯大起來。病毒迅速繁殖的結果，讓我們身體出現很不舒服的症狀。

另一種經證實的招數是「閃躲功」。自從20世紀前葉發現了第一種抗生素盤尼西林（penicillin）之後，抗生素成為遏止病原菌入侵的有效方式。但沒想到細菌也使出它們的演化本領，來閃躲或削弱抗生素的殺菌功效。細菌不僅演化出對許多抗生素的抵抗力（抗藥性），還能布施、嘉惠周遭的親友，因此現在很多細菌經常能逃過最強效藥劑的撲殺。

儘管細菌的抗藥性也許還不會導致新種菌株的崛起，卻能使我們認為已收服的細菌東山再起。從引起肺結核的細菌到引起傷口發炎的細菌、再到造成愛滋病的病毒，微生物正迅速的腐蝕抗生素為人類帶來的短暫優勢。

1. 遇到熟悉的流行性感冒病毒，我們的免疫系統可以辨識出來，並貼上標籤，把它們中和、消滅。

2. 經過基因突變後，病毒換了一件外套……

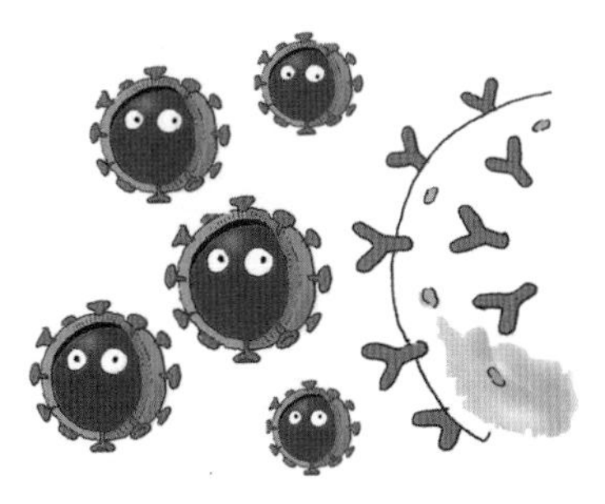

3. 免疫系統頓時被耍了，看不出病毒的真面目。

全球氣候變遷對傳染病的影響

有一項影響疾病突現的強大因子，它的威力就很多方面來看，都像是一張無法預測的紙牌。這個因子就是極端的天氣（短期的循環）與氣候的變化（長期的循環）對改變疾病模式的影響。

颶風、龍捲風、以及導致洪水氾濫的豪雨，這些極端的天氣不僅立即對我們的生命與財產帶來重大的損害，也提供大好機會給微生物擴張版圖。這些天災會破壞人類重要的設施，例如地下汙水處理設施和水質淨化系統。可以想見，結果將爆發一些經由飲水傳播的疾病，像是痢疾、霍亂、肝炎。

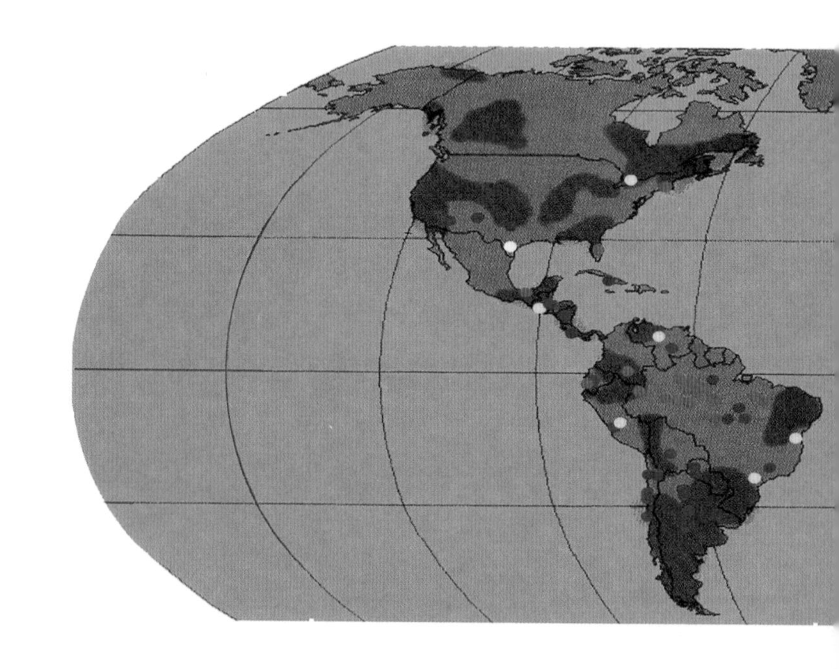

▶
了解氣候與傳染病之間的關連，可以幫助我們預測及預防傳染病的爆發。溫暖潮溼的氣候條件是滋養許多傳染病的溫床。不尋常的大雨可能顛覆我們的淨水系統，使很多接觸到不潔飲水的人罹患霍亂。豪雨也會導致很多死水的淤積，積水加上溫暖的氣候，可以說為蚊子締造極佳的繁殖場所。

氣候變化造成的天氣改變，會維持較長期的循環。聖嬰現象（El Niño）是氣候變遷的典型例子，這種現象造成地球各處經常出現極端的天氣（例如豪雨、乾旱）。最近，科學家開始研究氣候變遷對傳染病模式的影響，研究人員相信，1993年在美國爆發的漢他病毒肺病症候群，與當時的一場大雨有關。大雨導致矮松子（pinon nut）大量生產，矮松子又是鹿鼠（漢他病毒的媒介）喜愛的食物。結果鹿鼠的數量急遽增加，使得人類感染漢他病毒的機率也隨之上升。

經常下雨也會助長各種蚊子的繁殖，蚊子不僅是會叮咬我們的害蟲，更是散播疾病的重要媒介。許多傳染病，例如瘧疾、登革熱、里夫谷熱（Rift Valley fever）、黃熱病、腦炎等，都是從蚊子那邊傳給人類的。當蚊子的數量增加，受感染的人數也跟著增加。

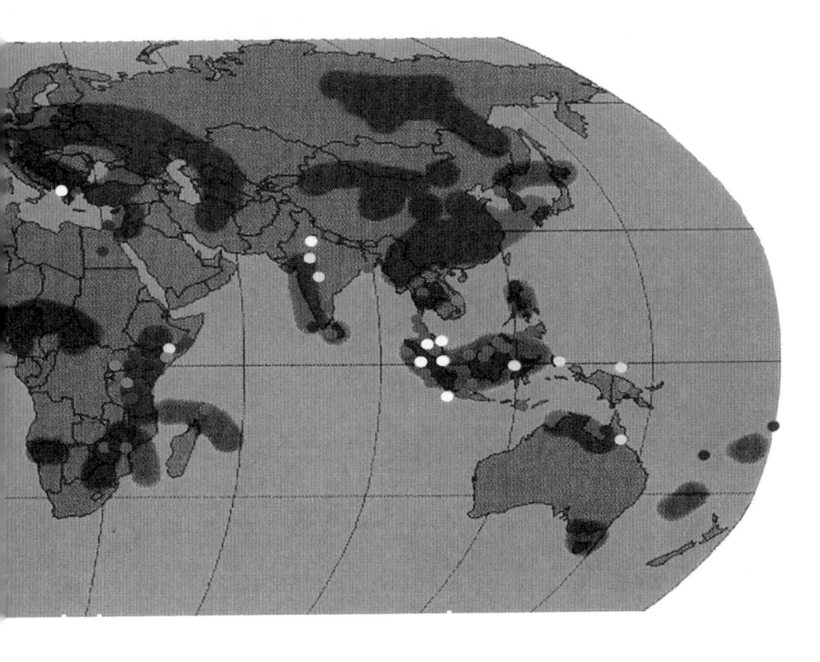

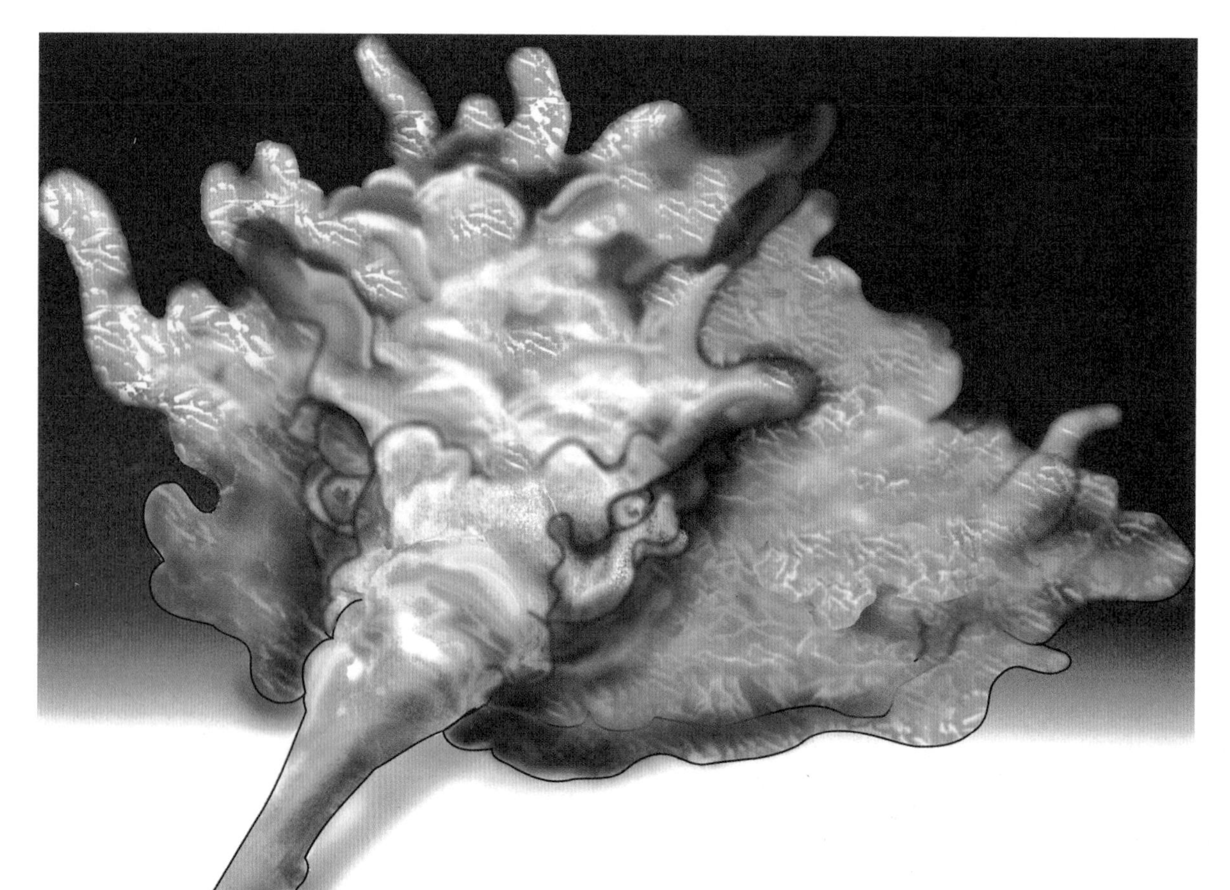

護衛我們的領土

我們已經知道人類和微生物會一起演化， 因此，在漫長的人菌交鋒過程中，如果說我們已演化出一些特殊的機制來戰勝微生物，也是理所當然的。人類可不是什麼省油的燈，我們也懂得自衛，任何想入侵人體的微生物，不免要遭逢一連串嚴酷的挑戰。

前面提過，人體的第一道防線包括皮膚、黏膜、以及體表一些含酵素或偏酸性的液體（像是眼淚、唾液、胃液）。儘管這些防禦設備能提供極佳的天然屏障，但許多病菌還是有辦法穿越這道防線，向人體內部進攻。這群不知死活的小傢伙在越界後，將面臨我們體內火力強大的防禦兵團——免疫系統。

人體的免疫系統是由好幾層防禦組織架構起來的。這套設計的高明之處就在於從辨識敵人到鎖定目標、發動攻擊，它能判斷何時派遣簡單的兵種應付、何時調派精良的部隊上場，在遣兵用將之際，可謂深諳「運籌帷幄之中，決勝千里之外」的道理。

在初步的免疫反應中，系統只是分辨敵我，並設法將外來者處死。在進一步的免疫反應中，系統發動更銳利的辨識武器，以突破迷障找出身分特殊的入侵者，再一舉消滅它們。

究竟我們的免疫系統是如何辦到的呢？請看下面的精采報導。

邊防上的小衝突

人類與一些熟悉的病菌所引發的最初衝突，就像兩位經常交兵的將領那樣，彼此掌握了對方的底細。在漫長的征戰歷史中，我們和病菌都已熟知雙方的優勢和弱點。有時，我們也會遇到素昧平生的微生物，在這種陌生的情況下，免疫系統可能反應遲鈍，結果讓對方闖關成功，順利進入人體內。

不管入侵者是何方神聖，免疫系統首先會仰賴一套在血液中游移的蛋白質（即補體，complement），來偵查越界的外來者。補體蛋白能附著在外來者身上，啓動一系列的補體反應，這是一種「梯瀑式放大反應」（cascading，一種分段將訊息逐步放大的過程）。

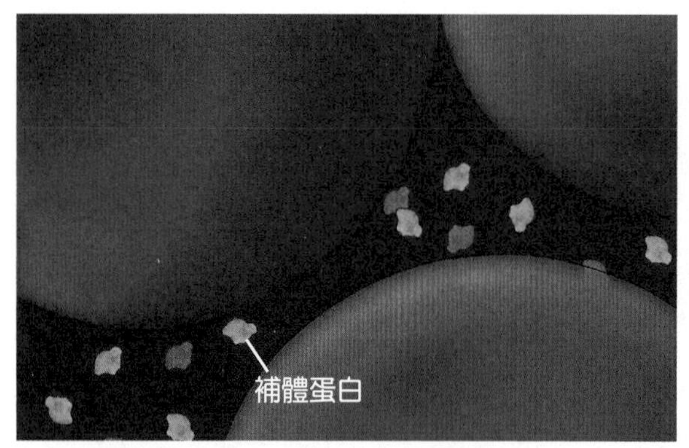

1. 補體蛋白在血液中隨著血球一起循環

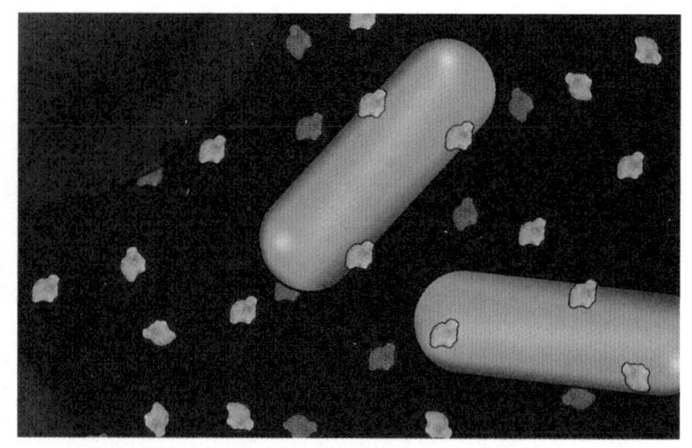

2. 補體黏附在入侵人體的細菌表面

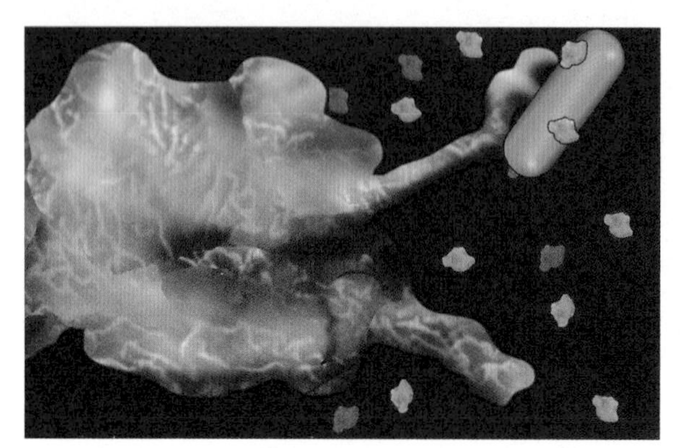

3. 遭補體蛋白貼上標籤的細菌

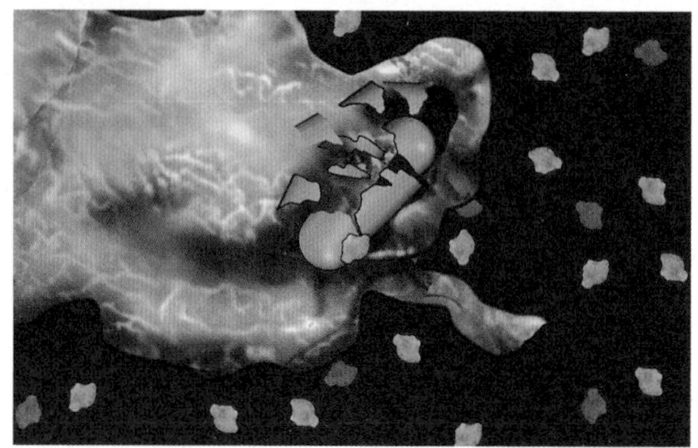

4. 被巨噬細胞偵測出來，予以吞噬、瓦解

每一種補體蛋白都有各自的專長與功能，有些會釘在入侵者表面，並在上面打孔鑽洞，瓦解入侵者的細胞；有些則黏附在入侵者身上，提供把手給巡邏的巨噬細胞，好方便巨噬細胞張開大嘴將入侵者一口吞入。

許多這樣的交戰都屬於邊防上的小衝突，我們未必會察覺到。

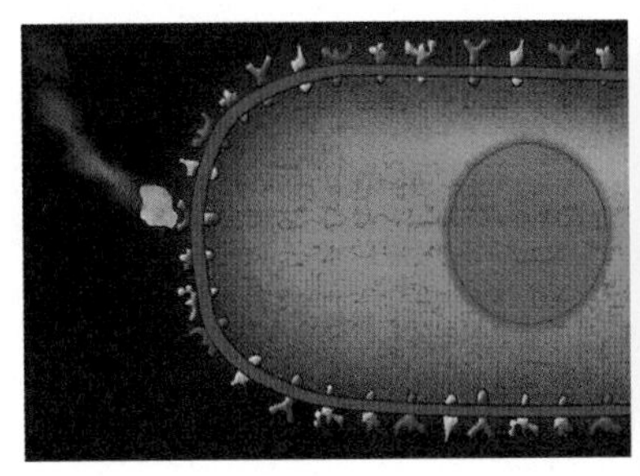
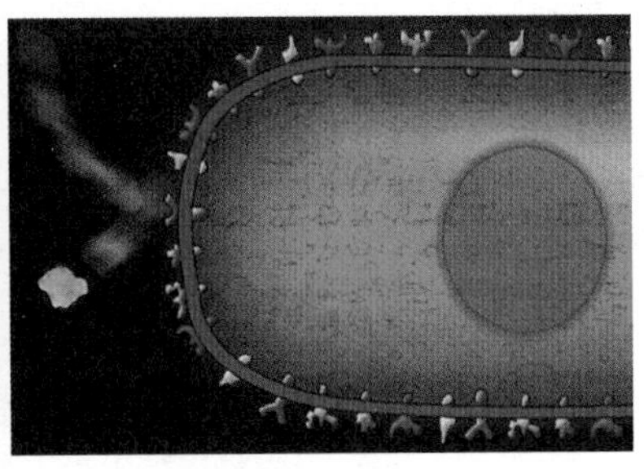

◀
補體蛋白不僅會黏附外來的細胞，也會黏附我們自己的細胞。但因為兩者細胞表面的組成不同，補體很快就會從我們的細胞上脫落。

有些較重大的戰役則會導致紅、腫、熱、痛，而且很多免疫細胞都趕來邊界幫忙，這就是我們熟知的發炎反應。萬一不幸讓病菌得逞，我們體內還會提高溫度，產生發燒反應。這一招雖然讓我們很不舒服，但對某些病菌更不堪。因爲高溫會阻撓病菌繁殖，使人體有機會防止病菌進一步入侵。

內部的防禦系統

逃過邊防巡邏隊攔截的病原，得趁人體下一道防線出現時（也就是包括偵查、辨識與消滅三部曲的免疫反應，具有高度的專一性），趕緊大量複製。人體整個內部防禦系統是由一群各有所長的專家組織起來的，它們藉由化學訊號來溝通，而且彼此的默契十足、合作無間，有人因此稱這系統爲「流動的情報局」。

偵查入侵者

體內防禦系統的第一支特搜小組就是巨噬細胞，前面我們已經見過這群大胃王的表演。雖然巨噬細胞辨識敵人的能力有待加強，卻經常能逮捕到一些狡猾的入侵者，把它們大卸八塊。

攻擊者

防衛者

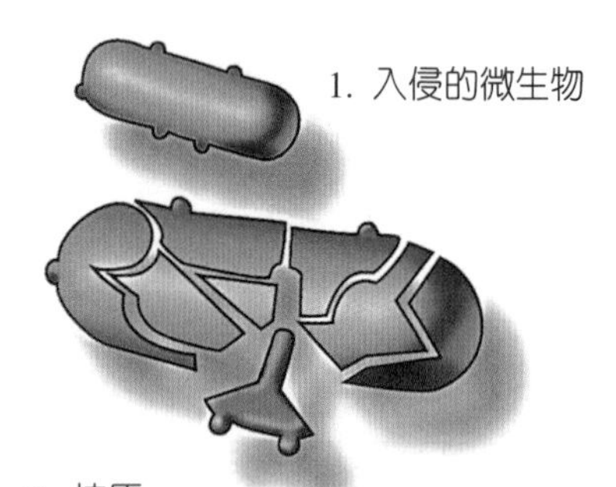
1. 入侵的微生物
2. 抗原
（微生物身上的局部特徵）

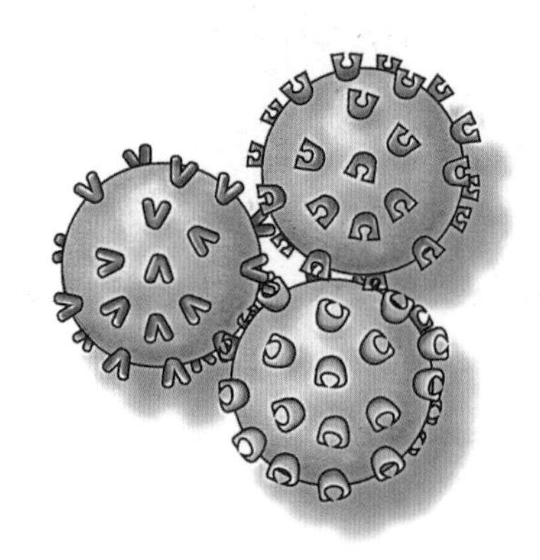
3. T 細胞
——免疫系統的指揮官

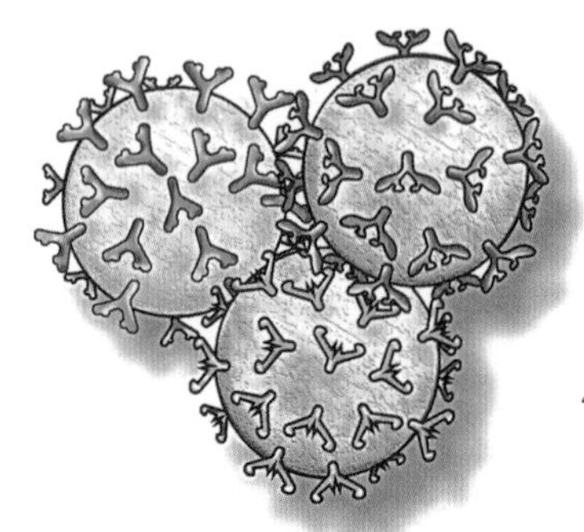
4. B 細胞
——免疫系統的砲兵隊

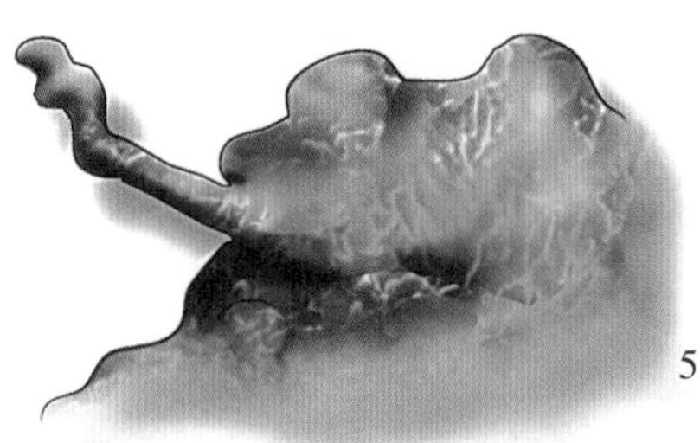
5. 巨噬細胞
——免疫系統的終結者

部分被咬下的碎塊會黏在巨噬細胞的表面，好像貪婪的饕客在酒足飯飽後掛在嘴邊的食物殘屑。這些碎塊叫做抗原（antigen），將成爲動員下一組防禦部隊的重要情報。其實，巨噬細胞就是拿這些抗原向免疫系統稟報：「看，這就是敵人的特徵，快派人來收拾這群壞蛋！」收到情報的特種部隊便趕緊前往事發現場去作戰。

辨識和消滅入侵者

免疫系統中有一群細胞能發動具有專一性的攻擊，它們就是所謂的「淋巴細胞」（淋巴球），包括T細胞和B細胞。與巨噬細胞不同，淋巴細胞不會將入侵者大口吞入，它們的工作是辨識越過第一道防線的入侵者，並予以中和、消滅。

在大多數活細胞中，一個基因是對應一個蛋白質，但淋巴細胞的情形就比較特殊。淋巴細胞在製造表面的受體蛋白時，是從它們某些基因中隨意切取若干段落，重新組合成新基因，再依此合成蛋白質。這意味著每個新的淋巴細胞，不論是T細胞或是B細胞，它們的表面會出現經由基因重組而產生的特製受體蛋白。因此每一個淋巴細胞的受體蛋白都是那麼獨一無二，具有高度的專一性，可以應付外面世界千奇百怪的微生物。

我們的骨髓每分鐘可以製造上萬個淋巴細胞，新形成的淋巴細胞即刻加入血液與淋巴液中，與幾十億的袍澤弟兄一起並肩作戰。數量這麼龐大的陣容可以確保，當中至少有一個可以辨識出巨噬細胞提供的壞蛋特徵（抗原）；所謂的「辨識」就是淋巴細胞利用表面的受體蛋白和入侵者的抗原形成「鎖孔與鑰匙」的結合反應。

T細胞會協調、統籌人體的防禦系統。它們是藉由化學訊號幫忙或壓抑其他免疫細胞的活動來達成的。一旦T細胞與某病菌的抗原

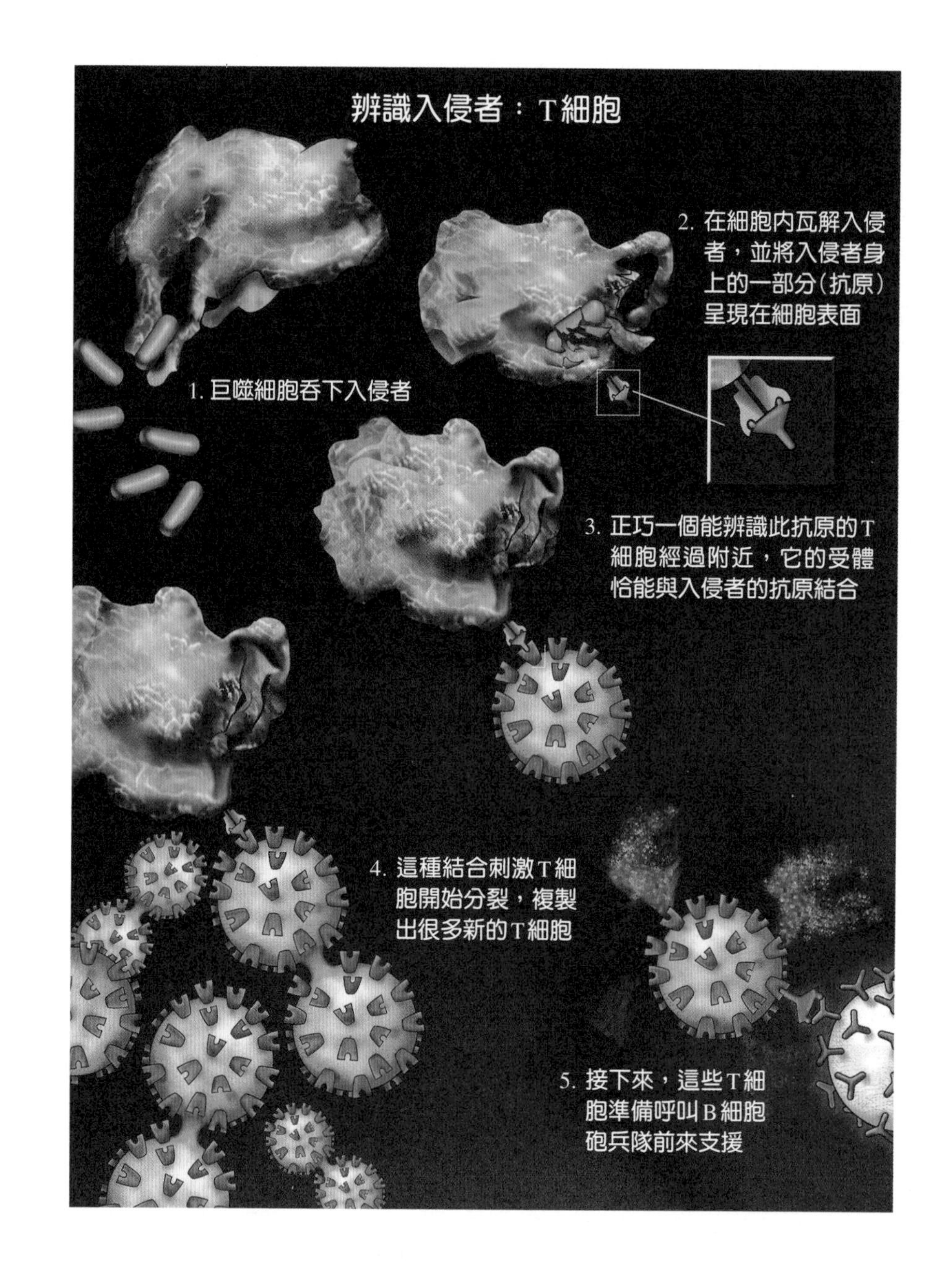
辨識入侵者：T細胞
1. 巨噬細胞吞下入侵者
2. 在細胞內瓦解入侵者，並將入侵者身上的一部分(抗原)呈現在細胞表面
3. 正巧一個能辨識此抗原的T細胞經過附近，它的受體恰能與入侵者的抗原結合
4. 這種結合刺激T細胞開始分裂，複製出很多新的T細胞
5. 接下來，這些T細胞準備呼叫B細胞砲兵隊前來支援

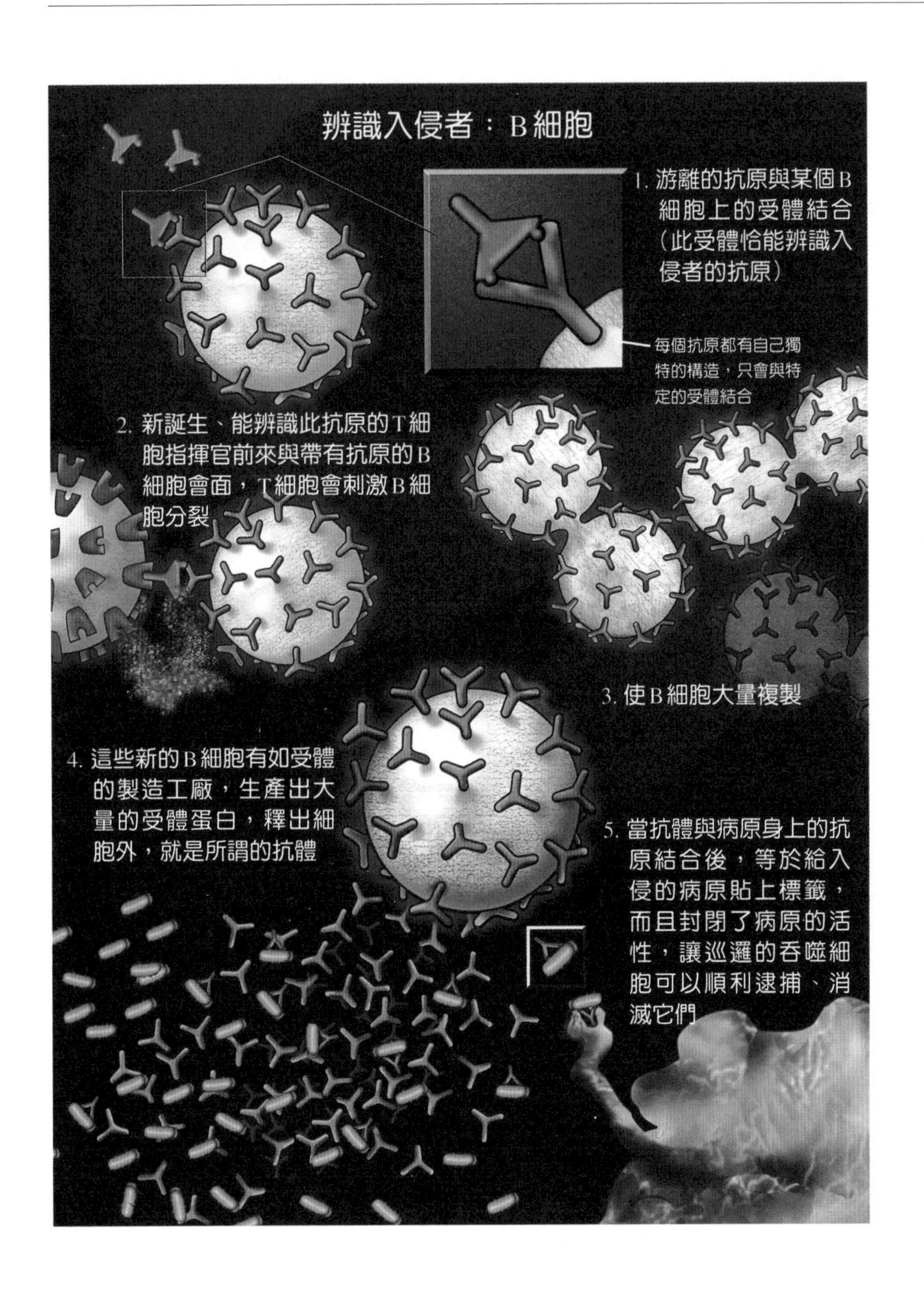

辨識入侵者：B細胞
1. 游離的抗原與某個B細胞上的受體結合（此受體恰能辨識入侵者的抗原）
每個抗原都有自己獨特的構造，只會與特定的受體結合
2. 新誕生、能辨識此抗原的T細胞指揮官前來與帶有抗原的B細胞會面，T細胞會刺激B細胞分裂
3. 使B細胞大量複製
4. 這些新的B細胞有如受體的製造工廠，生產出大量的受體蛋白，釋出細胞外，就是所謂的抗體
5. 當抗體與病原身上的抗原結合後，等於給入侵的病原貼上標籤，而且封閉了病原的活性，讓巡邏的吞噬細胞可以順利逮捕、消滅它們

結合，T 細胞會開始分裂，一分爲二、二分爲四、四分爲八，很快的，在短時間內就可以形成上百萬個能夠辨識出這種抗原的T細胞。

B細胞有另一套專長。它們能釋出大量的表面受體蛋白，叫做「抗體」，在血液循環中執行任務。當抗體與微生物表面的抗原結合（如同「鎖孔與鑰匙」那樣），將封閉抗原的活性，並暴露入侵微生物的行蹤，使巡邏的各種吞噬細胞（例如顆粒白血球）很快就能發現它們，並加以殲滅。

記住入侵者的長相

在T細胞與B細胞通力合作之下，體內專一性免疫反應的砲火全開，使我們戰勝病原的入侵，張開眼睛又是美麗的一天。奇妙的是，在這專一性免疫反應的小組裡，有某些細胞能記住入侵者的長相，這種記憶力就是所謂的「免疫力」。一旦免疫系統建立這樣的記憶力，下次同樣的病原再度穿越第一道防線入侵時，體內的專一性免疫反應將更快的動員起來。

疫苗注射就是利用免疫系統具有記憶力的特長，所發展出來的人工免疫法。疫苗中含有經過處理的病原微生物或它們表面的抗原，都是削弱了毒性的。譬如，痲疹疫苗含有痲疹病毒，破傷風疫苗含有破傷風毒素，但它們都經過改造，因此注射到人體中不太會致病。妙的是，我們的免疫系統無法分辨疫苗（仿冒品）與病原（眞品）的不同，依然針對疫苗發動攻擊，結果我們在沒有感染發病的情況下，獲得寶貴的記憶力（免疫力）。下回，當眞正的病原闖入時，專一性免疫系統中記憶猶新的T細胞與B細胞，將迅速展開迅

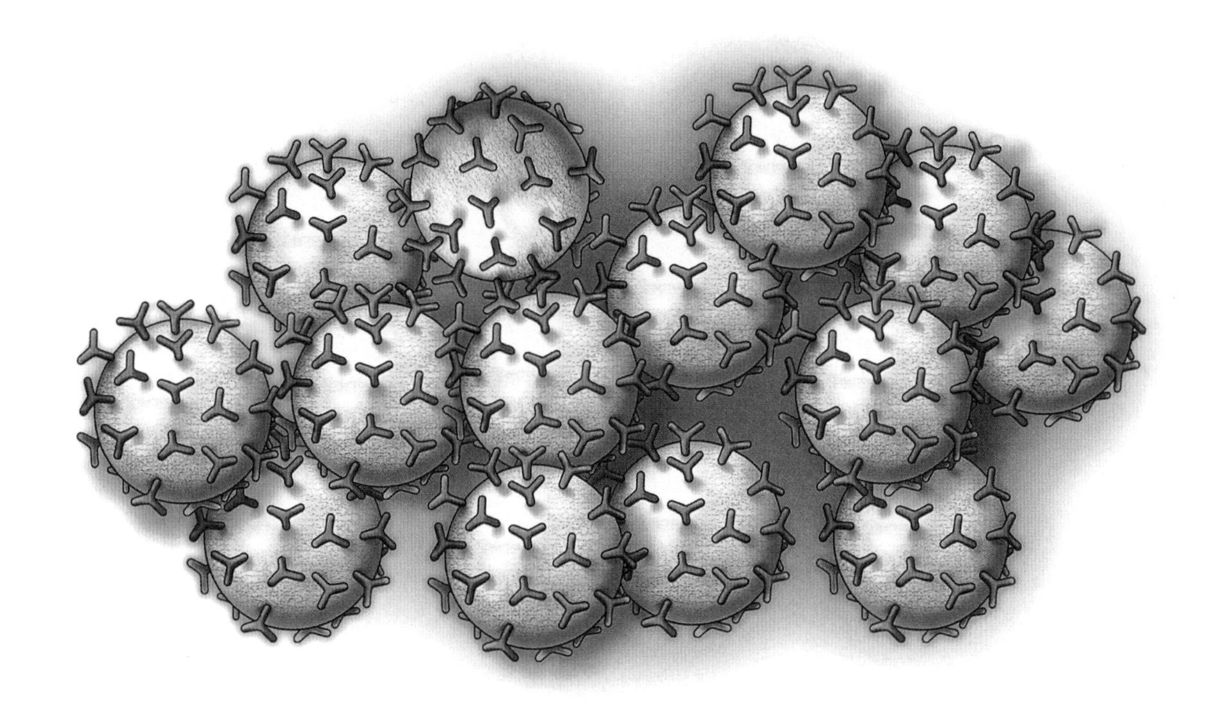

▲
一旦入侵者被打敗，免疫系統也形成一套保險策略。它會留下一些壽命較長的B細胞和T細胞，它們的受體依然能辨識這次入侵者的抗原。所以待下次同樣的病原再度來襲，這些仍保有記憶的B細胞與T細胞將迅速的動員起來。

雷不及掩耳的行動，讓入侵者還來不及逞兇，就給消滅殆盡。

智取免疫系統

我們的免疫系統雖然精巧複雜，卻不是所向無敵，有時候它也會受騙，或無法辨識出敵方。幸好，這個系統不常失靈，想要征服它並不容易，大多入侵者還是會束手就擒。否則，人類今天就不會存在地球上了。

不過，演化就像道高一尺，魔高一丈的「軍備競賽」，聰明的免疫系統會激發聰明的微生物誕生，各種微生物似乎都演化出獨特的策略，來和我們的免疫系統周旋、鬥智。

有些微生物會改變它們表面的抗原特徵，使原本對抗原保有記憶的T細胞與B細胞無法認出它們的新面孔。以流行性感冒病毒爲例，它們可以經由基因突變改變表面的蛋白質特徵，所以即使我們曾施打過感冒疫苗，也派不上用場，舊時的記憶已搭不上變換中的外貌。今年病毒穿上新裝，和去年的舊外套大不同，來年又是另一身行頭。可憐的免疫系統總是趕不上流行性感冒病毒的流行風尚。

有些微生物則利用類似人類的蛋白質或醣類來包裝外表，使免疫系統誤以爲它們是自家人。引發喉嚨痛的鏈球菌就是一例，它們會用玻尿酸（hyaluronic acid）把自己裹住，而我們也是利用這種物質當做黏膠，將人體細胞固定好。這種聰明的模仿術，讓鏈球菌可以神不知鬼不覺的在人體組織中生長、繁殖，奠定穩固的立足點。

還有一些微生物會製造一大堆奇奇怪怪的物質，有的能殺死巨噬細胞，有的能傳遞錯誤的訊息。例如傷寒桿菌，它們能關閉巨噬細胞的殺敵機制，操控巨噬細胞成爲自己的休旅車，在血液中四處漫遊，並找機會侵入更幽靜偏僻的深層組織。愛滋病毒則能感染某些T細胞，破壞它們指揮免疫系統的能力。

竊據細胞的病毒

在所有各懷絕技的病原微生物中，病毒是特別值得一提的一群。爲了複製、繁衍，病毒首先得入侵寄主細胞。病毒是構造很簡單的東西，它們缺乏複製所需的機器，沒有能力自我複製，只好挪用活細胞裡的設備。這種侵占行爲往往幫助病毒逃過免疫系統的破壞。有時病毒入侵後，會導致細胞表面呈現病毒的蛋白質（抗原），這是細胞版本的利他主義。這些呈現出來的病毒蛋白能提醒免疫系統有入侵者正蠢蠢欲動，但最終的結果是讓受感染的細胞犧牲掉，因為它們表面的病毒蛋白將引發T細胞的攻擊。

某些病毒，例如疱疹病毒，甚至把自己的遺傳物質併入我們的DNA中，靜悄悄的待在人體細胞中，沒有任何可疑的跡象。一旦在體內奠定基礎後，它們可以（也通常會）跟著我們一輩子。在人類的遺傳物質（染色體）中，可以找到300多個與病毒基因相似的片段，這也許是很久以前它們入侵人體所留下的證據。

多瘤病毒
（Polyomavirus）

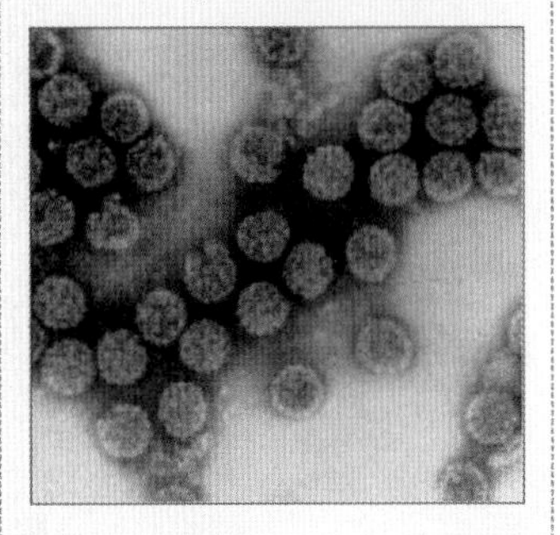

身分：病毒
住所：人體的腎臟細胞
嗜好：安靜的待在腎臟細胞中
活動：屬於機會主義者，能防止受感染的細胞在表面呈現病毒抗原，因此不會被殺手T細胞偵測出來；不過，當寄主的免疫系統失常時，多瘤病毒就趁機爆發作亂，引發疾病。

友軍砲火的誤殺

我們不能把感染造成的傷害都怪罪於入侵的病原，當我們的免疫系統奮力要擊潰敵人時，也會給身體帶來一些折損。事實上，在某些案例中，我們的免疫細胞及它們的產物才是造成嚴重傷害的兇手。例如引起肺炎的肺炎鏈球菌，它們只是懂得逃過被吞噬細胞吃下去的厄運，倒是吞噬細胞在挫敗後更加火大，釋放出一些兇猛的化學物質，並向免疫系統呼叫援軍，才導致肺部嚴重受損。

漢他病毒肺病症候群也是免疫系統動怒下的極端例子。受害者肺部的傷害與積水，其實是免疫系統攻擊漢他病毒時，反應過度的後果。體內過度反應是漢他病毒肺病症候群如此致命的主要原因。

當我們吸入被鹿鼠（漢他病毒帶原者）的糞便或尿液汙染的沙塵時，就可能感染漢他病毒肺病症候群。漢他病毒將從肺泡（肺部裡的小氣囊）進入血液循環中。首先病毒會附著、入侵肺泡周圍的微血管細胞，這些微血管是氣體交換的場所，體內代謝產生的廢氣二氧化碳與肺部吸入的新鮮氧氣就是在此做交換。一旦進入微血管的管壁細胞，漢他病毒便侵占細胞內的機器設備，開始複製。

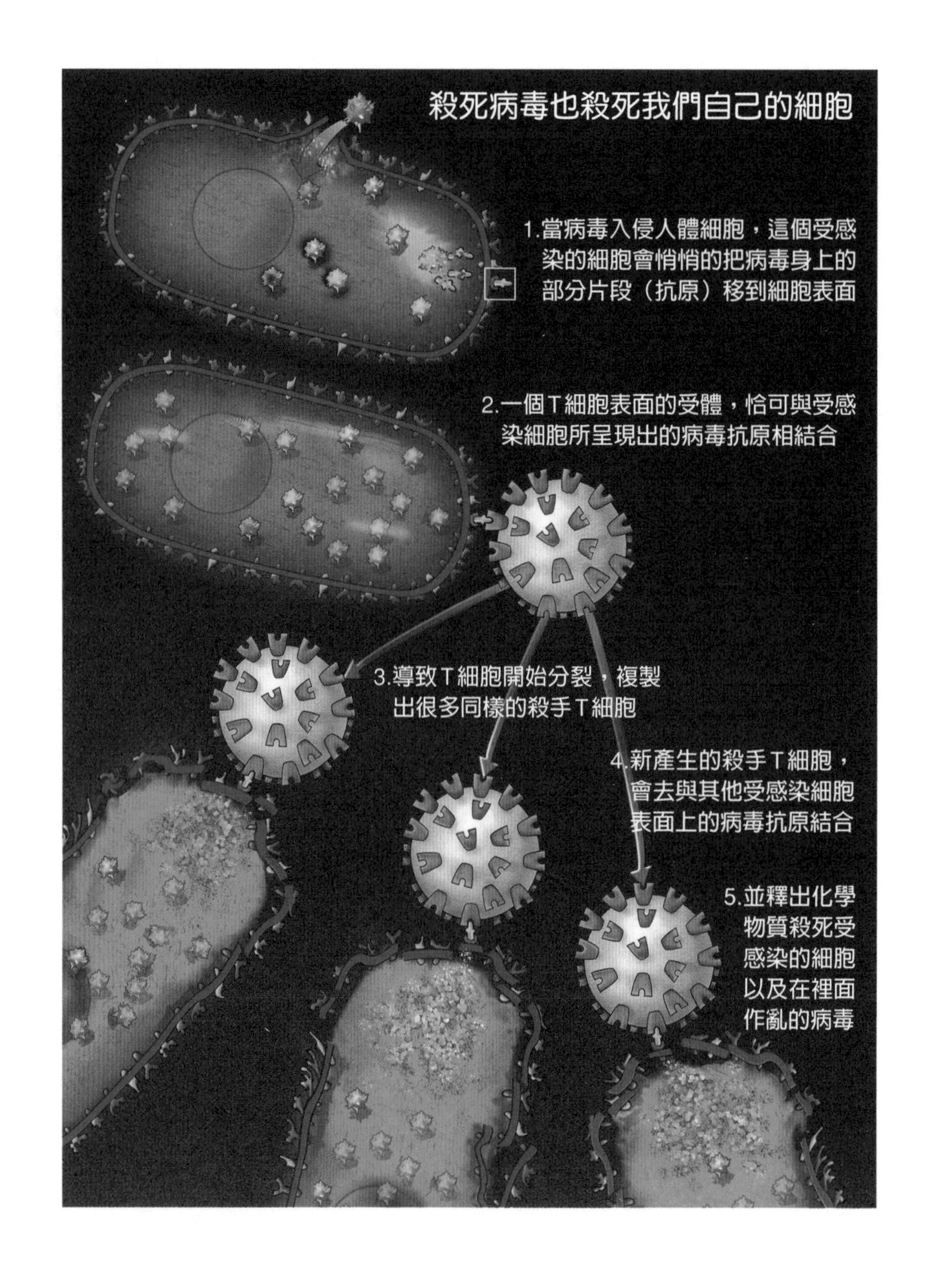
殺死病毒也殺死我們自己的細胞
1.當病毒入侵人體細胞，這個受感染的細胞會悄悄的把病毒身上的部分片段（抗原）移到細胞表面
2.一個T細胞表面的受體，恰可與受感染細胞所呈現出的病毒抗原相結合
3.導致T細胞開始分裂，複製出很多同樣的殺手T細胞
4.新產生的殺手T細胞，會去與其他受感染細胞表面上的病毒抗原結合
5.並釋出化學物質殺死受感染的細胞以及在裡面作亂的病毒

不過，受感染的細胞也懂得發出訊號。這些血管細胞的表面會呈現病毒的蛋白質，恰好巡邏到附近的巨噬細胞、T細胞、B細胞能偵查到異樣，使免疫系統進入高階的作戰狀態。

首先，免疫細胞會分泌強效的化學毒素來抑制病毒的活性，並呼叫援軍前來助戰。隨著戰爭愈打愈激烈，微血管承受不住化學彈幕的轟擊，使血管內的血漿（血液中的液體部分）外漏。沒多久，血漿就充斥在肺部的氣泡中，導致肺部積水，使氧氣與二氧化碳無法進行交換。

這看起來似乎很矛盾，免疫系統到底是救我們、還是害我們呢？免疫反應本來是要掃除異己，保護我們，但是它引起的發炎反應卻又讓我們受苦受難。畢竟，戰場是在我們的身體內，免不了要承擔砲火下滿目瘡痍的局面。儘管免疫系統英勇奮戰，打擊入侵者，但總有失手誤殺自己夥伴的時候，就像在眞實戰場中，有時也會發生遭友軍砲火誤殺的情況。

漢他病毒肺病症候群：
遭友軍砲火誤殺的後果

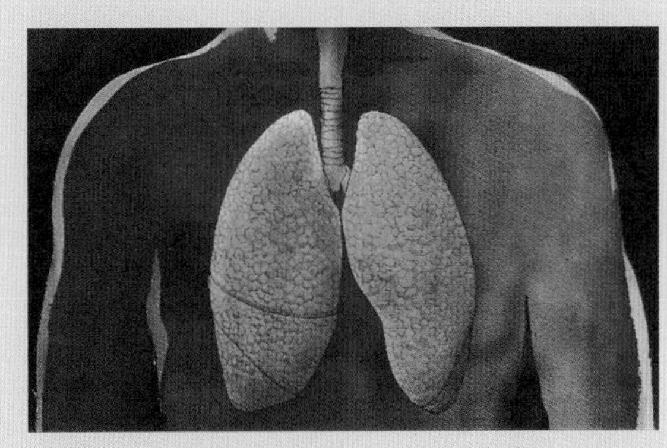

1. 受害者吸入漢他病毒

2. 病毒進入血液中

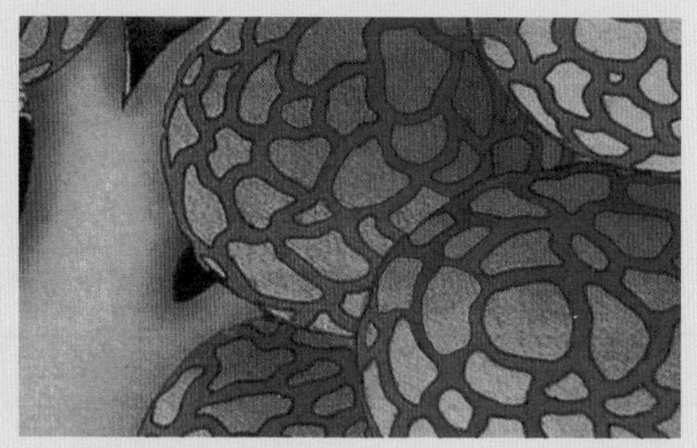
3. 進入肺部的病毒會侵入肺泡周圍的微血管細胞

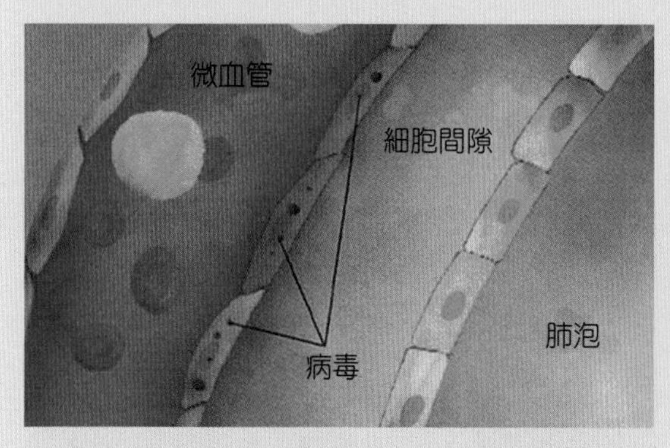

4. 並霸占細胞內的複製機器，製造出很多新病毒。受感染的微血管細胞會將病毒的蛋白（抗原）呈現在細胞表面，發出入侵者來襲的求救訊號。

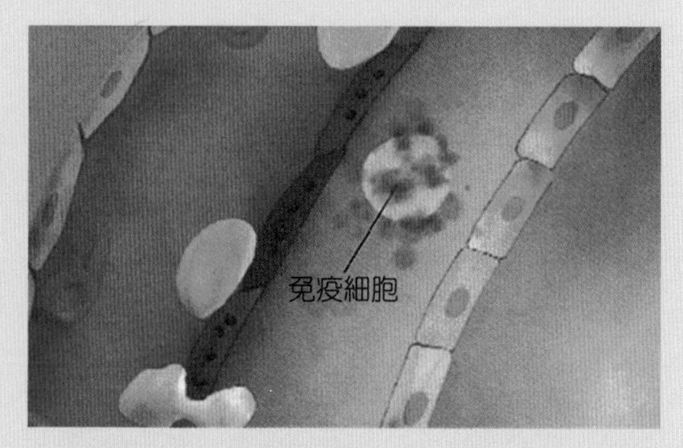

5. 免疫系統的細胞接收到訊息後，進入高階的作戰狀態，分泌強效的化學物質來抑制病毒的活性，並呼叫援軍。

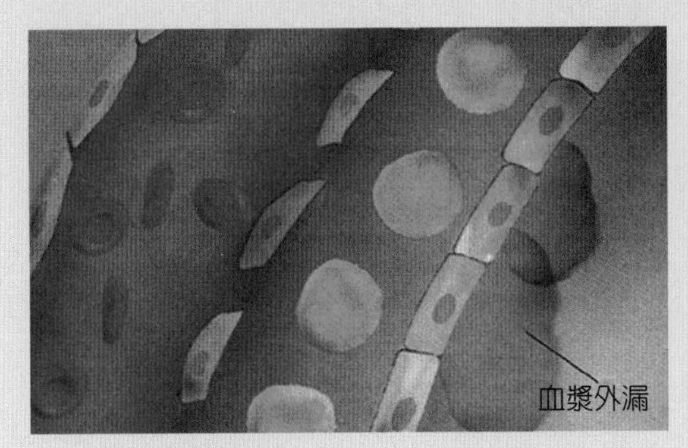

6. 猛烈的化學彈幕使微血管承受不住打擊，造成血漿（血液中的液體部分）外漏。

7. 外漏的血漿流進肺泡中

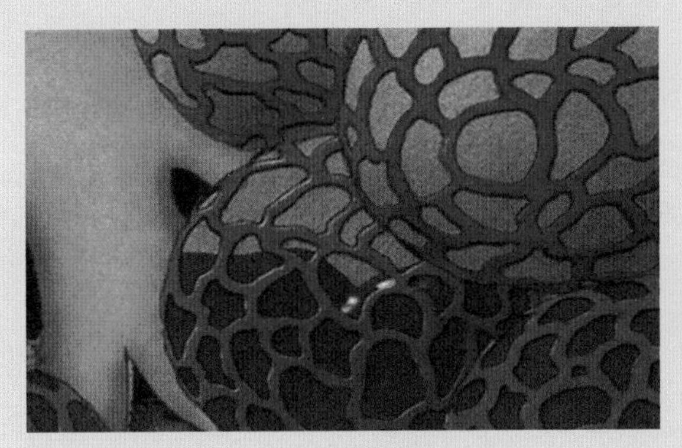

8. 使肺泡漲滿液體，無法進行氣體交換

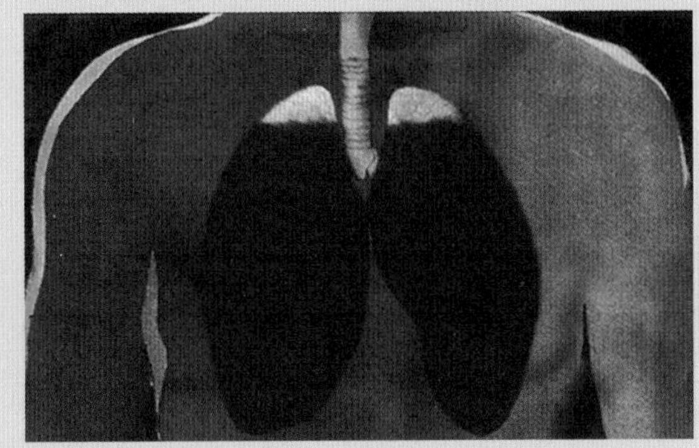

9. 最後導致肺部呼吸功能的崩潰

如何管制傳染病的爆發

20世紀之前，傳染病在工業化國家及開發中國家，都是第一大死因。當時人們平均壽命爲45歲左右。僅10%的人活到60歲。

今日，工業化國家的平均壽命已提升到75歲以上。肺炎和流行性感冒這兩種常見的傳染病，在十大死因中，已退居心臟病、中風、癌症、意外事故的排名之後。一度是第二大、第三大死因的肺結核與腸胃炎，也在十大死因的榜單中消失。這麼明顯的改變主要是因爲我們對傳染病的預防與治療，已有了長足的進步。

志賀氏菌
（*Shigella*）

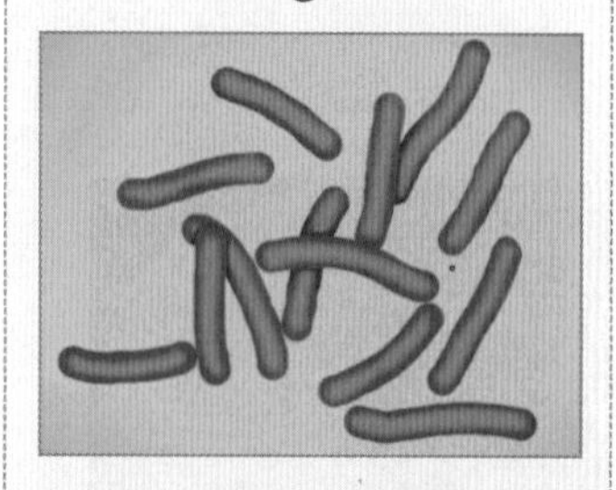

身分：細菌
住所：人體的小腸內
嗜好：汙染食物與飲水
活動：身為人類的病原，志賀氏菌會引起痢疾，這是最痛苦的一種腹瀉。

淨化水質是第一要務

自從我們在19世紀了解微生物會致病後，便開始試圖去尋找病原菌以及它們的傳播途徑。當時的美國與今日的許多開發中國家一樣，都發現飲水供應是傳播病菌的主要路線。那時，腸胃炎（以及此症引起的腹瀉）是第三大死因，也是致病的首要原因。

引起腹瀉的細菌，例如沙門氏菌、志賀氏菌，以及某些大腸桿菌株，都是經由遭人類或動物糞便汙染的飲水或食物進到我們體內。因此，如果我們能淨化飲用水，也懂得經常洗手，就可以減少接觸到這些病菌的機會。一些國際性的機構，諸如世界銀行、聯合國，目前正幫助開發中國家進行這方面的改善，使它們也能有乾淨的飲水供應。

管制傳染病的人民保母

我們對傳染病的傳播與預防有了更多的認知後，接下來需要更加謹愼的追蹤病原微生物的來龍去脈。現今，許多科學家和醫生都站到傳染病的最前線，從事調查與防治的工作。他們許多人都加入由政府機構或國家實驗室組成的國際聯合網。以美國爲例，統籌了疾病管制中心、國家衛生研究院、食品暨藥物管理局、以及各州實驗室與衛生機構的美國公共衛生服務部，就負責協調、指揮美國境內的傳染病調查工作。

這些機構的任務就是監控傳染病的爆發，並執行公共衛生政策，使我們遠離過去經常出現的流行病。其他國家也有類似的傳染病管制機構，而像世界衛生組織這類的機構，則負責整合世界各國的防疫工作以及發展全球性的公共衛生策略。

有了這群管制疾病的保母與各個相關組織的努力，如今，天花總算從地球上消失了，而其他的傳染病，例如小兒麻痺症、麻疹，基本上也都在我們的掌控之中。每當一些神祕罕見的新傳染病爆發時（例如伊波拉病毒、漢他病毒、和退伍軍人菌所引起的疾病），這些衛生機構的疾病探員往往能最先做出反應，他們不愧是站在第一線與病菌作戰的人民保母。

史上首位傳染病調查員——斯諾

斯諾（John Snow, 1813-1858）被許多人視為流行病學之父（所謂的流行病學，是指現代公衛機構追蹤疾病來龍去脈的一門學問）。斯諾出身農家子弟，他14歲時就去英國新堡鎮上的一位外科醫師那兒當學徒。1831年，當斯諾的學徒生涯近尾聲時，他被派到一個霍亂爆發的區域幫忙受害者。從此，他一輩子都在研究霍亂。

當時的科學家相信，霍亂是由瘴氣之類的毒氣引起的。但斯諾卻認為霍亂是藉由飲水中的某種東西傳染的。1854年8月，當霍亂在黃金廣場（倫敦市的貧民區）大流行時，斯諾也在倫敦工作。到了9月底，總計已有616人死於霍亂。

斯諾決心追蹤這種疾病的成因。他從當地的户籍登記所蒐集到死者名單及他們的住家地址，並在一大張地圖上標示出在9月2日那個週末死亡的受害者的居所。根據地圖上的標記，他發現大多數的死者，都居住在以博德街水井幫浦為中心的方圓250公尺之內。

不過，有一位女性死者居住在這個範圍之外，但斯諾追蹤她的行蹤，發現她曾經住在靠近博德街水井幫浦的地帶。而且由於她很喜歡那口井的水，還常常回到舊居去取水飲用。因此，斯諾肯定飲水就是造成霍亂的根源。

後來，斯諾獲准將水井幫浦的汲水把手移除，讓人們無法再去那裡取水飲用，霍亂大流行也就隨之消失了。不久後，工人鑿開水井幫浦，發現裡面的水早已被鄰近住家排出的地下廢水汙染。

斯諾漂亮的展現了用科學方法解決問題的風範。他的創舉使「細菌引發疾病」的理論更上一層樓，也讓自己成為現代流行病學領域的英雄楷模，至今很多流行病學專家仍沿用斯諾的方法來追蹤疾病。

如果你有機會造訪倫敦，仍可見到聲名狼藉的博德街水井幫浦的原址，它就位在博德威克街和萊辛頓街轉角的斯諾酒吧附近，周圍的人行道邊緣也塗上紅漆做標示。今日那一帶是倫敦最繁華熱鬧的購物商圈之一。

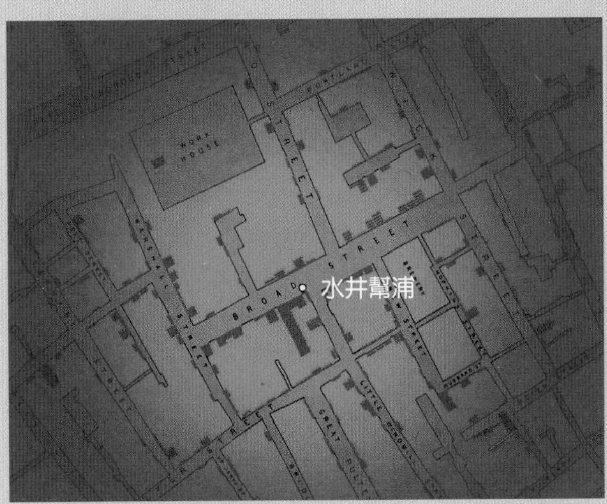

斯諾在地圖上標示出霍亂受害者的居所，赫然發現博德街水井幫浦恰位在這些住家的中心地帶。

原住民的智慧

1993年，當美國西南部四州交界地帶所爆發的漢他病毒肺病症候群獲得確認後，美國公共衛生服務部（包括疾病管制中心）趕緊派人全力調查病毒的來源。當地納瓦荷印第安族的傳統治療師——男巫與女巫，也提供了重要的線索。

慕尼塔（Ben Muneta）是一位醫生，也是調查這次漢他病毒事件的小組成員，他的父親是一位納瓦荷巫師。當慕尼塔訪問當地族人時，他發現大家都有所隱瞞，沒有說出真相。待他私下造訪地方上的巫師之後，才驚訝的發現，原來他們追蹤的疾病已在納瓦荷族人中流傳了一世紀之久。

下面是慕尼塔醫師的說明：

「他們告訴我的事情，真的讓我很驚訝。原來納瓦荷的先民已具備這方面的知識，早在納瓦荷族的開創史中，已記載了這種由鹿鼠傳播的疾病。

「納瓦荷族人相信，最初矮松的種子（矮松子）是經由鹿鼠帶進他們的部落，使他們居住的環境漸漸變成矮松群聚的生態系。由於鹿鼠的這番貢獻，納瓦荷族人因此把鹿鼠看做一種神聖的動物。甚至今日，鹿鼠依然被視為是維護矮松生態系的重要因子，在族人的心目中有著神聖不可侵犯的地位，殺死鹿鼠是一件很糟糕的事情。但是在另一方面，人們又很怕這種會傳播疾病的囓齒動物。

「巫師是這樣向我解釋的：人類和鹿鼠占據在同一塊土地上；人類是白天活動的動物，鹿鼠是夜間活動的動物，所以儘管人鼠皆在同一塊土地上活動，但彼此不相冒犯。每到晚上，人們就會把屋門關上，以免鹿鼠跑進來，因為鹿鼠要是跑進屋內發現食物（種子）掉落滿地，會很生氣的。種子是創造生命的起源，浪費種子就是在踐踏生命。巫師說，鹿鼠要是見到種子受到這樣的對待，就會竭盡

慕尼塔醫師

所能讓屋主為這種罪行付出性命。

「另一件從巫師那邊打聽到的事是：鹿鼠要人性命的方法，是利用牠們的尿液和糞便夾帶疾病，傳染給人類，可能經由你的眼睛、嘴巴或鼻子傳給你。巫師還說這種疾病是有循環性的。要連續兩年都下大雪、降大雨，野草才會生長旺盛，鹿鼠也因此大量繁殖。可怕的疾病就會在春天的播種季節中爆發開來。這些巫師確實知道這種疾病打從哪兒來，他們了解這種疾病的傳染模式，也懂得預防之道。」

在聽取了各方匯集而來的資訊後，流行病調查小組開始在感染漢他病毒肺病症候群的患者居家附近捕捉一些小型哺乳動物，包括囓齒類。他們發現，鹿鼠身上果真帶有漢他病毒，就像納瓦荷巫師預測的那樣。這種漢他病毒是新的變種，且與從患者肺部採集到的病毒一模一樣。

1993年是聖嬰現象出現的第二年，聖嬰現象影響了美國西南部的天氣模式，造成降雪與降雨量的增加。由於雨雪帶來的水分與溼氣，導致矮松快速成長，產生許多矮松子，讓鹿鼠獲得充分的食物供應，大量繁殖，導致鹿鼠數量急遽上升。鹿鼠暴增後，提高了當地居民接觸到鹿鼠及牠們排泄物的機會，當然也使人們更容易接觸到可怕的漢他病毒。

除病法寶——疫苗

就在我們確認某種微生物就是引起某種傳染病的元兇後，我們也發明出新型的工具來防範它們，那就是——疫苗。疫苗是利用微生物身上的某些部位（抗原）來刺激免疫系統，以便在眞正的微生物入侵之前，先教育免疫系統記住微生物的特徵。疫苗可訓練免疫系統去熟悉原本不相識的入侵者，一旦眞的入侵者來襲，便能加速免疫系統應變的能力，成功的擊退敵人。

我們不該輕忽疫苗注射對控制全球各地傳染病的深遠影響。疫苗幾乎已幫我們杜絕麻疹、腮腺炎、白喉、百日咳，以及最近的嗜血流感桿菌（*Haemophilus influenzae*）所引起的耳朵發炎、腦炎等。透過全球性的疫苗注射，也讓我們全面根除天花，而小兒麻痺症也差不多快要消聲匿跡了。

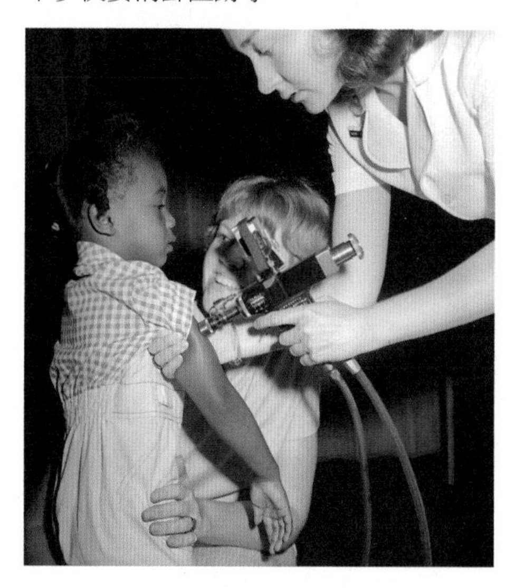

▶
疫苗注射能有效的預防小兒麻痺症、麻疹、白喉等疾病，也讓我們成功的根除了天花。

令人意外的是，注射疫苗也讓我們面臨某種危險，使我們反而成爲光榮成就之下的犧牲品。儘管人類對百日咳、小兒麻痺症等傳染病的集體記憶已漸漸消褪，但一些注射疫苗所引發的罕見併發症，卻在後面蠢蠢欲動。有些父母因爲擔憂這種併發症，而選擇不讓自己的小孩接受適當的疫苗注射。如此將對公共衛生帶來嚴重的威脅，畢竟很多病原微生物還徘徊在人類的世界中。假使人群中再度出現很多易受感染的個體，那些原本被我們征服的傳染病，隨時有機會捲土重來。

近年來，美國麻州西部和加州所爆發的百日咳案例，以及賓州和德州所爆發的麻疹案例，就是因為那些小孩從未接受疫苗注射。這些事件恰可提醒我們疾病的威脅遠勝過疫苗注射的風險。在那場麻疹大流行中，至少有21個小孩喪命。

疫苗與我們的免疫系統

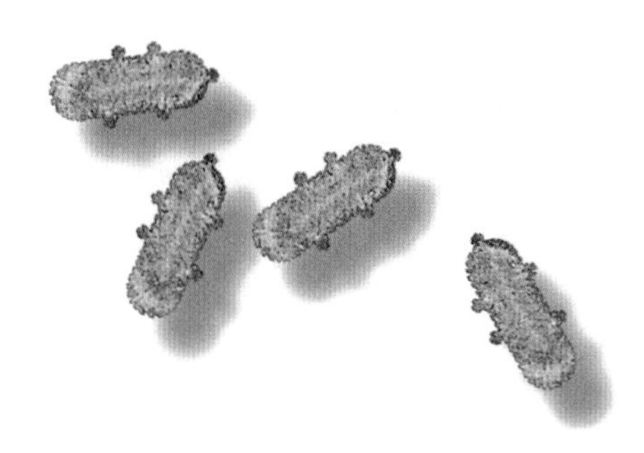

疫苗可能由活的病原微生物（細菌或病毒），經過削弱活性後製成（因此不會致病）；也可能由死掉的病原或它們身體的局部構造（抗原）所製成。

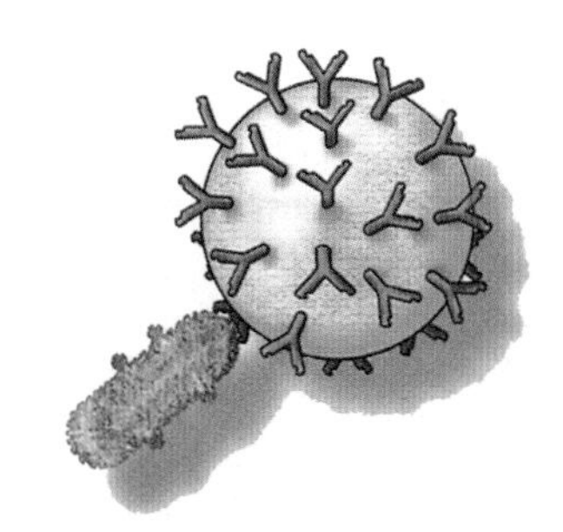

不論是由哪一種方式製成的，所有疫苗的共同特質就是提供抗原，也就是能與特定的T細胞和B細胞表面的受體蛋白結合，形成「鑰匙與鎖孔」的配對……

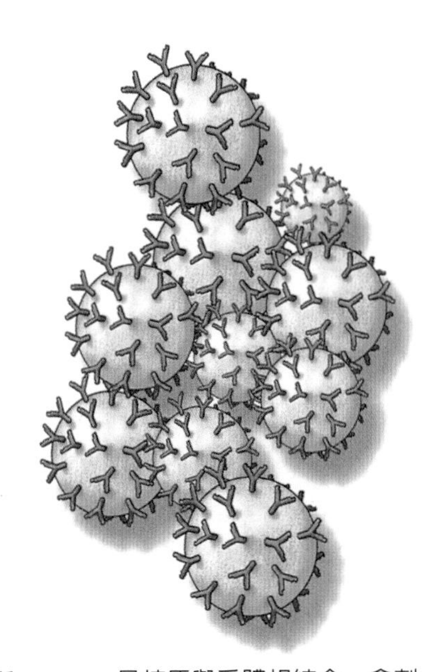

一旦抗原與受體相結合，會刺激T細胞或B細胞大量複製，等到真正的入侵者來襲，就可以很快的發動攻勢。

殺敵利器──抗生素

另一項對控制傳染病有重大貢獻的因子，就是抗生素的發現。抗生素是能夠殺死或破壞入侵病菌的化合物。在發現抗生素以前，許多傳染病都是無藥可救的疾病。

在第一次與第二次世界大戰之間，蘇格蘭的科學家佛來明（Alexander Fleming, 1881-1955）發現麵包上的青黴菌（參見第99頁）所製造的一種特殊化合物，能殺死某些經常引起傷口感染的細菌，他把這種東西叫做盤尼西林（penicillin，也就是青黴素）。後來，英國的一位生化學家錢恩（Ernst Chain）和共事的弗洛里（Howard Florey）醫生證實了佛來明發現盤尼西林的重要性，就在第二次世界大戰迫近的前夕，他們證明了這種藥物的療效，在當時這的確是醫學上的重大突破。於是盤尼西林很快的進入商業化大量生產，製藥界從此轉

◀當初佛來明在實驗室裡做研究時，不小心讓一個培養皿的蓋子打開，稍後他發現培養皿上出現一些蓬勃生長的黴菌斑，而培養的細菌卻停止生長了。這種抑制細菌生長的黴菌是青黴菌，它所分泌的特殊物質就是盤林西林。佛來明、錢恩、弗洛里三人，也因為發現盤尼西林及其治療傳染病的療效，在1945年共同獲得了諾貝爾生理醫學獎。

型，進入抗生素的時代。

有了盤尼西林和磺胺類藥物（另一種抗生素）的問世，使得第二次世界大戰期間，美軍因傷口感染而造成的死亡率，從千分之十四掉到低於千分之一。這種戲劇性的改變揭示了抗生素的發現，將爲全人類的健康與福祉做出重大的貢獻。

如今，盤尼西林和其他抗生素已成爲醫療界的必需品，從前無法治癒的疾病，包括大葉性肺炎（全球各地的重要死因）、肺結核、瘧疾、霍亂等，現在都能利用抗生素來治療。在龐大的微生物社群中，不論是人類危險的朋友或熟悉的敵人，在雙方施與受的互動中，抗生素可說爲人類帶來莫大的好處。

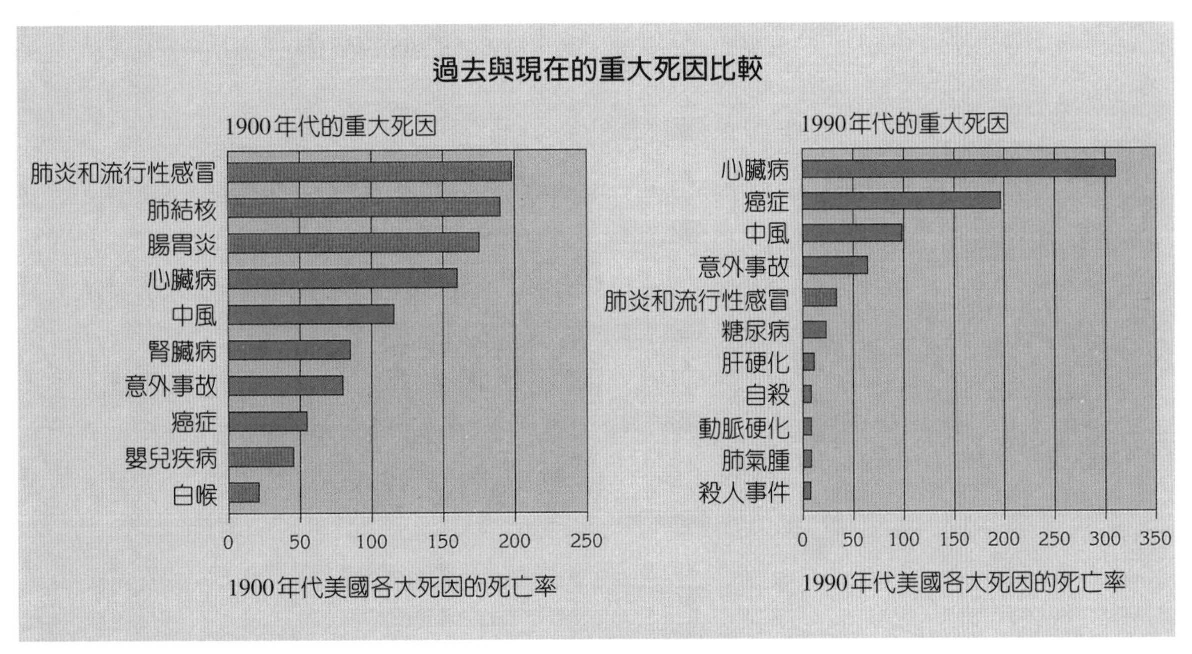

經過近一世紀的衛生改善與抗生素的發明，傳染病已不再是美國人的第一大死因。

與細菌共跳一曲演化之舞

人類在面對各種微生物的艱鉅挑戰之下，仍成功的設想出預防與治療的策略，這或許讓一些人以爲，有朝一日我們終將根除微生物的感染。可惜，這樣的想法是錯的。

在那些缺乏乾淨的飲水、清潔的食物、或沒有良好的營養、妥善的醫療設施的地區，傳染病依舊威脅著人類的健康。目前，傳染病仍高居全球五大死因的名單中。每年，有150萬人死於瘧疾；重現江湖的肺結核，每年奪走超過300萬條人命；腹瀉疾病仍是導致全球嬰兒死亡的首要因素，每年造成400萬到600萬名孩童喪命。

永無休止的戰爭

細菌善變的基因加上人類不良的習慣，導致細菌出現功力高強的抗藥性，使抗生素經常無用武之地。一些細菌，例如某些金黃色葡萄球菌株及腸球菌株（*Enterococcus*），幾乎都無法用抗生素殺死，不禁令人擔憂我們將重返發現抗生素之前的年代。

這些問題都告訴我們，人類將永無止盡的與微生物共舞下去。只要人類還生存在地球上，我們的命運便不可避免的與這群肉眼看不見的小東西交織在一塊，彼此亦步亦趨、如影隨形。微生物可說是人類最親密、最長久的伴侶。人菌交鋒也是一場永不休止的戰爭，從過去、現在到未來，微生物與人類將世世代代練功比武下去。

我們爲了子孫綿延、薪火相傳所做的一舉一動，微生物都能感應到。它們演化出抵抗力（抗藥性）來抵擋抗生素，也發明新招數

來逃脫疫苗。當我們消滅了微生物最愛的寄主、或以新的寄主誘拐它們，微生物就自行改變寄生夥伴，不上人類的當，也不買人類的帳。

我們也在微生物的帶領下見招拆招，設法以更激烈的手段征服它們。當微生物發展出抗藥性時，我們就設計更新的抗生素，當它們越過疫苗的防線，我們就發展更新的疫苗。我們也銷毀微生物的運輸工具，阻斷它們從這個寄主跑到另一個寄主的機會。

不過，人類爲了戰勝微生物所做的努力終究還是會失敗的。畢竟它們在地球上已有將近40億年的演化史了，也許我們應該想一些新方法去深入傾聽微生物的交談內容，來取代我們現今一心一意想消滅它們的策略。如果我們能拋開在這曲人菌探戈中的邪惡念頭，放下屠刀，重新與微生物世界建立新關係，說不定我們眞能與這些小東西成爲眞正的夥伴，彼此互惠，沒有傷害，攜手共跳一曲優雅的生命之舞。

平衡

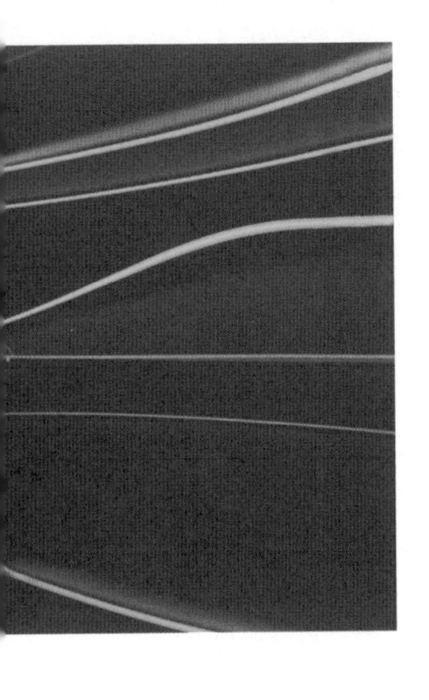

第四篇
未來的創造者

把你過去如磐石般的堅實力量交給我，
我就把手中所握的一對翅膀交給你，
讓你遨遊於未來的天空。

—— 傑弗斯（Robinson Jeffers, 1887-1962，美國詩人）

互利

根據估計，公元2000年後的第一個十年中，每年全球將有近八千萬新生兒誕生。這些孩童中有許多人將能夠目睹全世界人口倍增的情形。在這些小孩老死之前，目前餵養著60億人口已嫌吃緊的全球經濟，將必須負擔140億的人口。這個數量超過40萬年前，自從人類這個物種在地球上崛起以來，曾經在地球上生存過的人口總數。

這樣的成長速率將會加劇人類現今面臨的挑戰：預防傳染病的擴散以及控制我們對環境造成的汙染。同時，也將使我們更加競爭有限的地球資源，包括爭取更多生活、工作、娛樂的空間、以及飲水、食物的來源。眼看著我們對自然資源的需求與日俱增，我們將不斷挑戰我們賴以維生的生物圈。

與微生物合夥

微生物世界的探險之旅，已拓展我們對地球生物圈的視野。隨著21世紀的到來，我們與這些不起眼的神奇小東西也進入一種新的合夥關係。過去，我們對微生物世界的洞察，純粹是站在旁觀者的角度。現今，我們正摸索著如何了解它們的生物語言，試圖參與微生物之間的生化與遺傳對話，讓人類與微生物成爲好朋友。

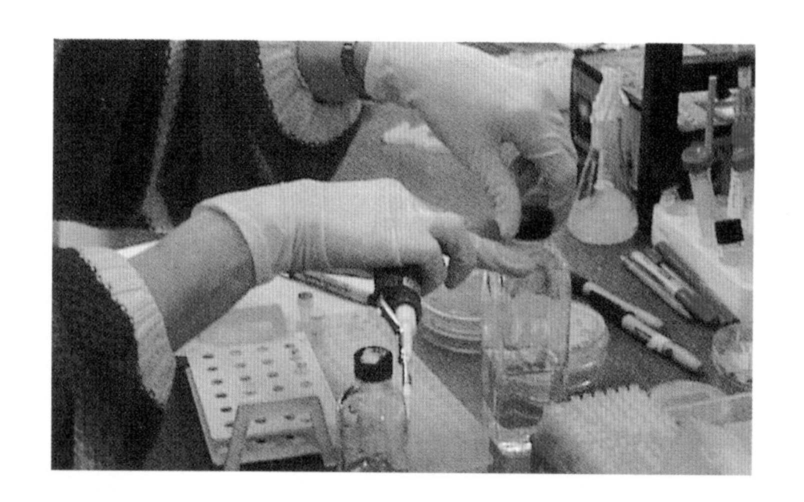

有了這些小夥伴的幫忙，科學家正努力研發預防及治療傳染病的新方法。我們也幫忙微生物更迅速的把人類的廢物分解成簡單的物質

(以利資源循環),也借重它們的專長來移除環境中的有毒汙染物。我們利用微生物來改造植物,使新的植物能更有效利用空間、水源與能量,以改善世界的飢荒問題。我們學會把微生物看做一個迷你的小工廠,它們提供新的生產工具,讓工業界提高生產效率。

當我們愈來愈懂得充分利用與微生物的合夥關係來解決問題時,也將面臨空前的大挑戰以及意想不到的後果。如果我們想發明控制傳染病的新方法,我們得先想好,誰會是新療法的受惠者,誰又要為此新發明付出代價;如果要根除傳染病,我們得想清楚,到時候萬一人口成長暴增,誰來處理空間與糧食短缺的問題、誰要為髒亂的環境負責、誰又將擁有這些微生物小工廠。

最後,我們將面臨一個更大的難題。由於人類愈來愈有辦法介入地球上生命賴以維生的龐大制衡系統,因此我們得拿捏好要不要超越一個物種的極限,以人類的科技去為自己奪取更多的地球資源。這是一個值得深思的問題。

我們與微生物的合夥關係提供我們新工具,來迎接各種困難的挑戰,例如克服細菌對抗生素的抗藥性、清潔我們的環境、餵養成長中的世界人口。每種挑戰都可能讓我們面臨一些難題與意想不到的後果,包括一項最終極的挑戰,那就是:我們發明的新工具很有可能掉過頭來威脅我們。

與病原微生物的抗藥性作戰

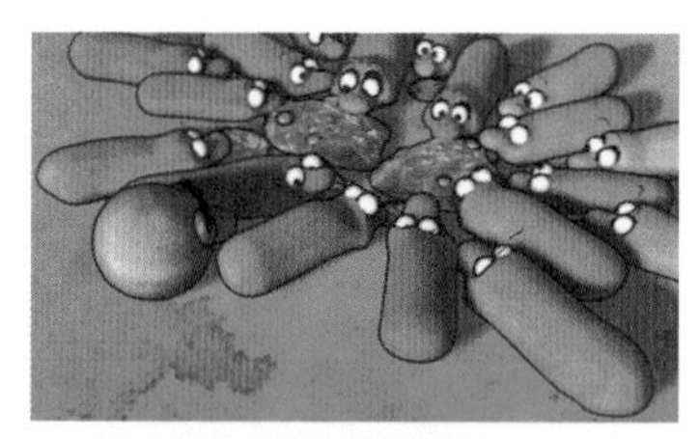

一隻外來的微生物闖入一群正在享用大餐的微生物……

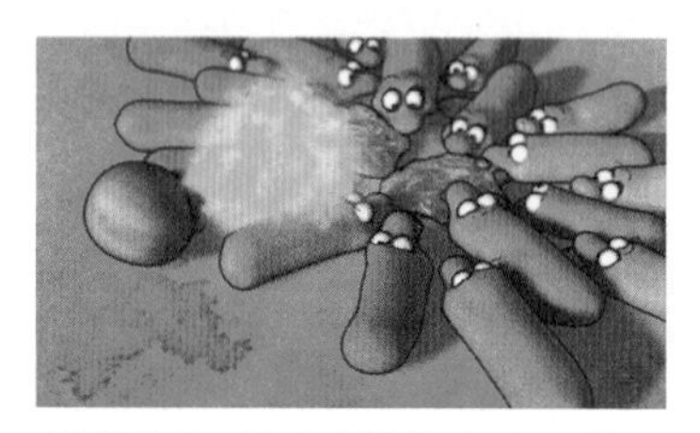

這隻闖入者分泌抗生素來驅散它的競爭者……

它因此獲得食物與空間。

在人類的歷史中，有一小群細菌始終都是我們最可怕的敵人。直到20世紀初期，傳染病仍是全球人類的第一大死因，每年都有上百萬人喪命。在1900年，人類的十大死因中，有五項是由傳染病引起的。到了1990年代，在工業化國家，僅剩流行性感冒與肺炎殘留在十大死因的榜單上。

這樣的改變是由很多種因素促成的。其中一項主因就是抗生素的發明。你可能以爲抗生素是人類爲了擊敗病原微生物所發明的武器。其實，抗生素是微生物自己在幾十億年的演化史中，不斷精益求精所產生的武器。

大多數的抗生素都是由微生物製造的。抗生素能以某種方式干擾其他微生物細胞內的硬體設備。儘管科學家還無法完全確定抗生素的天然用途，但它們很有可能是微生物拿來做爲防範周遭敵人入侵的武器。事實上，我們今天使用的各種抗生素，大多是把天然的抗生素加工後所製成的。經過化學改造的抗生素，將能對抗範圍更廣的病原微生物，或是改良了抗生素的某些特性（例如在人體消化道的吸收效率）。

攻擊目標鎖定細菌

今天，已有超過100種抗生素可供我們利用。這些抗生素大多是以細菌爲殺害目標。與其他微生物相比，細菌是相當容易讓抗生素鎖定的對象，部分原因是它們可以獨立完成生長、繁殖的功能，不必仰賴寄主的細胞。科學家發現，許多抗生素只會干擾細菌的生長，對人體細胞不會造成重大的傷害。

另一點讓細菌容易遭抗生素鎖定目標的原因是，細菌有獨特的細胞構造，它們的細胞壁正是抗生素分子最愛的目標。細菌的細胞壁有如一個堅硬的套膜，把細菌保護在裡面，就像堅果的外殼那樣。由於人體細胞缺乏細胞壁，因此以細菌細胞壁爲摧毀對象的抗生素，往往對人體細胞沒有什麼妨礙。這種差別正是盤尼西林和頭孢菌素（cephalosporin）等重要抗生素能奏效的關鍵。

其他諸如病毒、眞菌、酵母菌、原生動物（例如瘧原蟲）之類的微生物，則是難度較高的目標。因爲病毒會住在寄主細胞內，而眞菌、酵母菌、原生動物等微生物的細胞則與人類的細胞相似。因此，對它們有效的抗生素，也可能使我們的細胞一起遭殃。

青黴菌

（*Penicillium*）

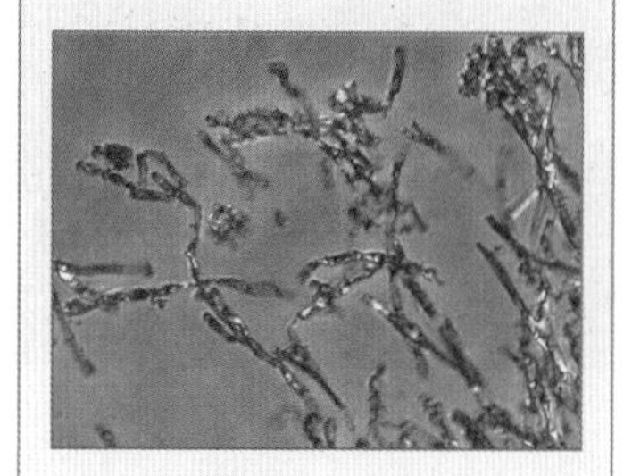

身分：真菌
住所：土壤與腐敗的物質
嗜好：分解有機物
活動：生產者的一員，某種青黴菌株能製造青黴素（也就是盤尼西林）供製藥界使用；其他菌株則可以讓麵包或橘子發黴，長出一層綠色的東西。

回首過去

自從1928年佛來明發現了第一種抗生素——盤尼西林，乃至1940年錢恩和弗洛里把盤尼西林發展成一種藥劑，人類與微生物之間的平衡關係似乎有了戲劇性的轉變。儘管抗生素尙未普及到全球各角落，但世界各地已可以感受到它們帶來的影響。隨著新型抗生素接二連三的問世，傳染病好像離我們愈來愈遙遠了，有如過往的雲煙。

但緊接著另一種關係的崛起，卻給人類懷抱的希望潑了冷水。就在人們使用盤林西林的幾個月後，開始出現具有抗藥性的菌株，本來神奇有效的抗生素在它們身上都失靈了。當時看來，這似乎不是什麼大問題，但經年累月下來，卻演變成重大的問題。每一種新

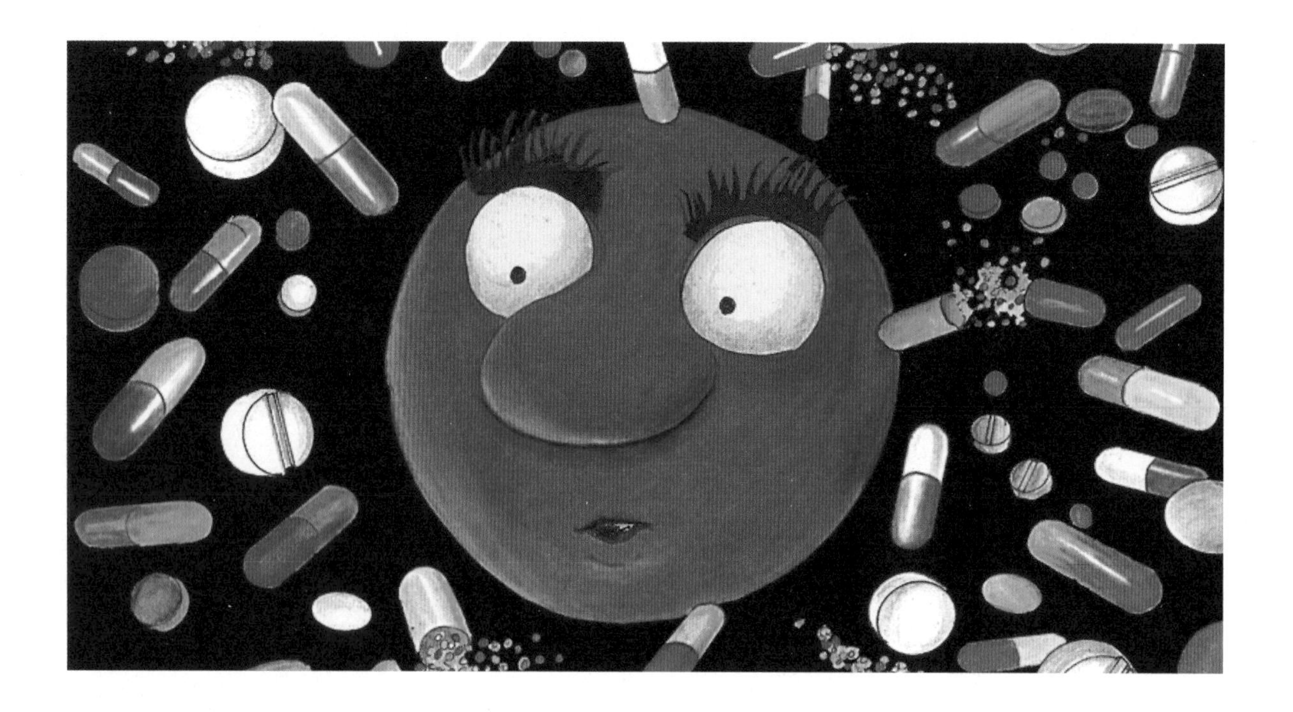

的抗生素經使用一段時間後，細菌就會對它產生抵抗力，如此同樣的模式不斷重複著。

現今，抗生素的效力漸趨式微，它已不能擔保可以治癒病菌的感染。我們面臨的是一批又一批對抗生素具有抗藥性的病原微生物。在罕見的案例中，某些微生物根本不是現代醫學制伏得了的東西，無論我們發明任何抗生素，它們都能頑強抵抗。要是被這類微生物感染，恐怕要像佛來明發現抗生素之前的年代那樣，只有等死一條路。有些人擔心人類將重返過去沒有抗生素可救命的年代。

人類如何走到這步田地，實在是一則不幸的故事，裡面有許多值得大家借鏡的教訓。

微生物大反撲

自從細菌成爲抗生素鎖定的目標後，它們也發展出許多規避抗生素的招數，這些招數就是我們所說的抗藥性。

好比說，細菌可以修改抗生素的化學結構，來中和抗生素的毒性。它們是如何辦到的呢？原來細菌會製造一些酵素，把新的化學基添加在抗生素上，或是分解抗生素的部分化學鍵。以盤尼西林爲例，這種強效的抗生素能與細菌建構細胞壁所需的酵素結合，干擾酵素的活性，使細菌無法合成細胞壁。然而，現在許多細菌都具有分解盤尼西林的酵素，可以瓦解盤尼西林分子，使它失去效力。

製造這類分解酵素的基因通常存在細菌的某些DNA片段上，而且這些DNA片段可以藉由水平基因轉移（請見第3冊第154頁），傳遞給其他的細菌夥伴。那些接收到這種基因的幸運細菌，只因爲多攜帶了一段遺傳物質，就獲得了寶貴的抗藥性。

細菌大反撲

1. 一群生長旺盛的細菌突然遇上盤尼西林大軍。

2. 當盤尼西林附著在細菌身上，細菌細胞將無法再建造它的細胞壁……

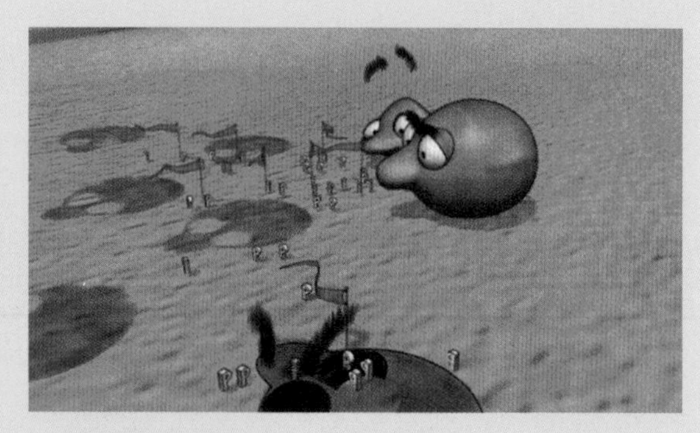

3. 細菌因此而陣亡。

4. 偶爾，有一些細菌發生基因突變，因而對抗生素產生抵抗力（抗藥性）。

5. 當這種具有抗藥性的突變種遇上盤尼西林時……

6. 它可以毫髮未傷存活下來，而周遭不具抗藥性的夥伴已全軍覆沒。

7. 當這隻突變細菌分裂時，便產生兩隻具有抗藥性的細菌。

8. 它們繼續分裂……

9. 創造出一整群都具有抗藥性的細菌。

有的細菌則會改變抗生素打算破壞的部位（例如細胞壁），來逃過抗生素的攻擊。這一招需要更高明的技巧，因為細菌在改變細胞的硬體設備時，得顧及自身的安全，不能影響到正常的細胞活動。以盤尼西林為例，有些細菌大費周章的改變建構細胞壁的方式，使盤尼西林找不到可以攻擊的目標，而無法發揮殺菌功效。

有些細菌甚至發明一些招數來防止抗生素接近它的目標。例如，細菌可以改變細胞外面的結構，使抗生素再也無法進入細胞內去搞破壞；或是當抗生素一進入細胞內，就立即把它們轟出去。這兩招都需要經過非常複雜的改變，由此可以見證細菌為了自保所展現出的演化功夫。

真菌、原生動物和病毒也存在類似的策略。科學家發現，只有幾種抗生素可以成功破壞這些微生物，然而一旦遇上抗生素，這些微生物也會像細菌那樣用盡各種計謀來自衛。

一場可以預見的困境

既然知道細菌在給人逼急時，會利用演化的力量來解圍，我們應該針對可能突如其來產生的抗藥性，做好萬全的準備。其實，在自然界中，細菌用來對付抗生素的基本機制，早在人類開始使用抗生素來殺菌之前，就已發展出來了。

現在我們只是以各種方式，促使細菌對抗生素愈來愈有抵抗力。每年，我們都生產及消耗大量的抗生素。1954年，美國共生產了90萬公斤的抗生素。到了1998年，光是在美國，一年就生產超過2,000萬公斤的抗生素。

病急亂投藥

有時候，醫生出自一番好意，用抗生素來治療傳染病患者，但這其實是一種誤導。根據美國疾病管制中心的估計，接受抗生素治療的病患中，只有半數的人眞的需要抗生素。有些醫生往往在病人的央求下，開抗生素藥物給他們使用，即使醫生知道那根本無效。

以普通感冒爲例。截至目前爲止，研究人員還沒發現有什麼抗病毒的藥劑可以對抗這種感冒病毒。但是醫生卻同意開一些抗生素藥劑給病人，只是因爲這樣可以讓病人安心。

即使抗生素是對症下藥的處方，病人也往往未嚴格遵守用藥規則。一旦患者自己覺得舒服多了，或是出現抗生素引起的副作用，他們常常會停止用藥。不過要注意的是，雖然症狀可能消失了，但

刺激細菌產生抗藥性的活動

動物飼料中添加的抗生素、果樹上噴灑的抗生素、治療感冒服用的抗生素，這些不必要的使用都會鼓勵細菌產生抗藥性。

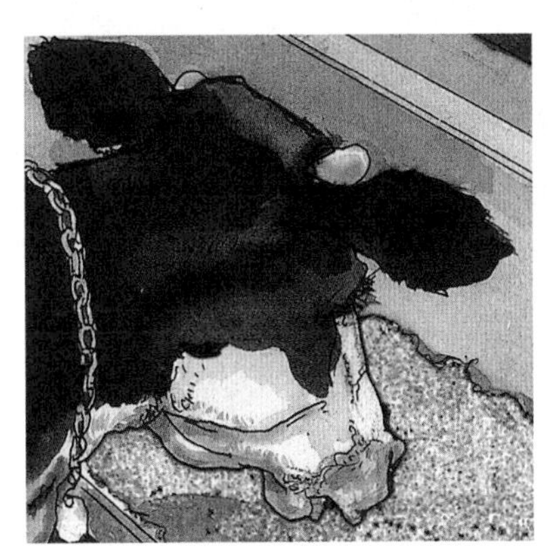

體內的病菌未必徹底消滅了，尤其是那些對抗生素較有抵抗力的少數病菌。一旦抗生素的砲火突然終止，這些僥倖存活的病菌又可以再自由繁殖，使病菌的數量大增起來，又能在體內囂張作亂。

在那些去藥房就可以買到抗生素（而不需醫師處方箋）的國家，誤用抗生素的問題更嚴重，也增加了濫用抗生素的機率，以及使用劑量不當的情形。要知道，當人們使用的抗生素愈多，將迫使病菌面對愈大的天擇壓力，終究導致愈來愈多病菌演化出抗藥性。

沒病也用抗生素？

讓人訝異的是，製藥界生產的大量抗生素中，大約只有50%的抗生素是用來治療人類的病菌感染。另外有40%的抗生素是用在人類畜養的動物身上。我們知道在飼料中添加抗生素，可以促進牲口的生長（原因還不清楚）。雖然飼料中的抗生素含量不足以治療任何病菌感染，但卻足以刺激細菌發生抗藥性突變。

其餘10%的抗生素，則被農人應用在具有經濟價值的植物上，用來控制細菌的感染。例如，在水果成熟之前，以抗生素溶液噴灑大片的果園。結果，導致水果與環境中都殘留抗生素，等於是提供了另一處溫床，來篩選有抗藥性的細菌。

當我們吃下接觸過抗生素的動物和植物，也會獲得具有抗藥性的細菌。雖然這些細菌也許對人體無害，但是它們的抗藥性基因卻可以傳遞給我們體內的正常菌群以及常見的人類病菌。

人類這些活動與行爲累積起來，恰好爲細菌抗藥性的產生提供了理想的條件。大量使用抗生素，加上環境中存在一個大型的抗藥性基因庫，再加上細菌可以在倖存的菌群中迅速轉移基因，如果說在這種情況下，我們還剩一些有效的抗生素可用，那眞是奇蹟了！

扭轉逆勢

科學家已經知道，一旦我們將環境中導致細菌發展出抗藥性的天擇壓力減低，便可大幅減少具有抗藥性的細菌數量。因此，我們可以採行一些改進策略，以更明智的方式利用抗生素——既可用抗生素治病，又能限制過量且不必要的抗生素流進我們的環境。

在這些策略中，有些是我們可以即知即行的。譬如從今天起，我們每個人都開始避免不必要的抗生素使用。如果你硬是要醫生開藥治療你的普通感冒或流行性感冒，那只會迫使他開了無效的抗生素給你。

其他策略則會隨著未來的技術發展而出現。舉例來說：某一類抗生素會彰顯某些特定的問題。譬如廣效性抗生素，這是可以同時作用在許多種細菌身上的藥物，因此它提供許多細菌天擇的壓力，以發展出抗藥性。通常當醫生不太確定疾病是由哪一種細菌引起的，或是即使知道病原菌，卻不確定該菌是不是能用某種抗生素治療時，就會使用廣效性的抗生素來應付。

現在有一種快速的檢驗法，可以在幾分鐘內辨識出病原（而不用耗上幾天幾夜的時間），如此可以幫助醫生更精準的選擇抗生素。這類快速的檢驗法，例如那些可以辨識A群鏈球菌（引起喉嚨痛的病菌）的簡便方法，將幫助醫生改善抗生素的選用情形。

不過，無論病菌的檢驗法與抗生素的使用方式如何改善，都很難使我們擺脫目前所處的困境。只要人口不斷成長，加上擁擠的人群提升傳染病散播的機率，細菌的抗藥性問題就會愈來愈嚴重。顯然我們有必要再尋求新的策略來控制及治療傳染病。

▲
擁擠的人群加速了傳染病的散播，也幫助有抗藥性的菌株在群眾間蔓延與繁殖。

走，到微生物世界去獵奇！

想要護衛人類的健康與福祉，方法之一就是向微生物社群尋求外援。科學家估計，微生物世界的成員中，還有許多能產生新奇的化合物供人類治療疾病，只是我們目前尚未發現。運用已掌握的知識（包括微生物間的交互作用情形）以及先進的科技，假以時日，研究人員將能開發出更多來自微生物的有用化合物。

想要了解未來如何開發新型抗生素，不妨先來了解過去科學家

▼
科學家在烏克蘭車諾比核電廠附近的土壤中，搜獵能產生抗生素的微生物，這裡曾在1986年發生嚴重的核電廠爆炸事件。

是如何探勘這類的化合物。首先，研究人員會從環境中採集土壤樣本，回到實驗室後，他們把樣本分配到含有營養成分的培養皿中，希望能誘導樣本中的微生物在實驗室生長與繁殖。

▲
來自烏克蘭的科學家葛列巴，檢視著松樹的枝條，它的基因已遭放射性物質改變了。

對微生物而言，實驗室的環境與天然的環境大不相同，以前它們是與一大群同種或不同種的夥伴住在一起，現在卻給關進小小的塑膠盤中，吃著很奇怪的食物。不過，一旦它們適應了這個新環境，不吃白不吃的在營養充足的小天地裡興盛繁衍起來，研究人員就有辦法測試每一種微生物的特性，看看它們是否能產生具有殺菌功效的化合物。

現在還是有一些科學家利用這套傳統方式在做研究，不過他們是進入新的環境去搜獵。有一個特別的案例就是，一群科學家前往烏克蘭車諾比核電廠的四號核反應爐附近，去進行微生物大搜索，希望能採集到奇特的微生物。

1986年4月26日，車諾比發生世上最慘重的核電廠爆炸事件，有15,000人喪命，並導致方圓30公里內的地區嚴重受到放射性物質的汙染。外漏的放射性物質會危害周圍的一切東西，包括住在反應爐附近的土壤微生物。這些微生物雖然存活下來，卻得重新適應經過劇烈變化的環境，它們的社群也因此而改變。

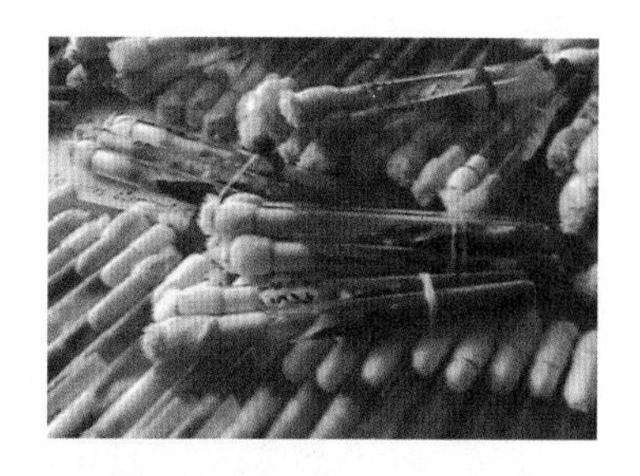

▲
烏克蘭的科學家成功培養了幾千種來自世界各地的微生物。

來自基輔微生物研究所的葛列巴（Yuri Gleba）和來自加州大學柏克萊分校的杭特瑟維拉（Jennie Hunter-Cevera），就是前往車諾比採集微生物樣本的科學家。他們想找到一些能合成新化合物來適應高度放射性環境的微生物，目的就是希望可以從這些化合物中，找出能製造抗生素的成分。

▶
杭特瑟維拉：「烏克蘭與美國聯手合作的這項計畫，提供了將古典科學與現代科學結合起來的機會，這不僅是兩種不同科學的結合，事實上，更是提供了很多寶貴的知識。」

基因獵奇

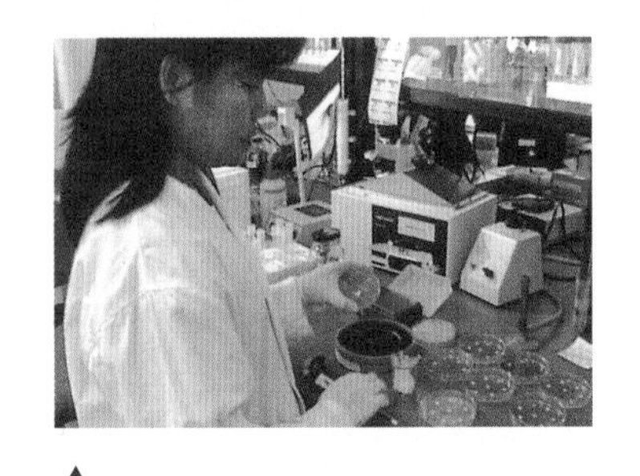

▲
把土壤微生物的DNA抽取出來，植入可以在實驗室迅速繁殖的細菌中，科學家希望植入的新基因能產生新的抗生素。

科學家用這種土法煉鋼的方式在自然界中搜尋新型抗生素，顯然面臨一種限制，那就是他們僅能測試那些可在實驗室中培養的微生物。現在，科學家知道這些微生物僅占所有現存微生物種類的0.1%左右。我們有理由相信，在其餘99.9%尚未培養過的微生物中，應該還有能製造抗生素的菌種。怎樣才能不需經過實驗室的培養，就能發現新的抗生素化合物，是目前科學家的一大挑戰。

加拿大卑詩大學（University of British Columbia）的戴維斯（Julian Davies）在研究生涯中，曾花很多時間探究細菌的抗藥性問題，現在他又展開新的努力方向。

▲
加拿大卑詩大學的科學家，在溫哥華的公園採集土壤中的微生物樣本。

戴維斯和同僚利用抽取DNA的方式，來研究自然界各種微生物的基因。他們運用這種策略，在那些無法在實驗室培養的微生物身上，尋找製造抗生素的基因。一旦找到能指示抗生素合成的基因，他們便能把這些基因抽取出出來，植入那些很容易在實驗室培養的細菌細胞內。接著，研究人員再測試這些經過基因改造的菌株，從中找尋具有抗生素活性的新化合物。即使在你家後院隨便挖一湯匙的土，裡面可能都含有5,000到10,000種不同的微生物，它們大多數未曾在實驗室中培養過。戴維斯和其他科學家打賭，這群微生物一定有一些能製造抗生素，只是尚未讓人發現而已。

來自腳下的土壤

從森林地表採集一大袋土壤，抽取裡頭的細菌DNA，植入實驗室的替身細菌中去大量繁殖，再檢驗是否產生抗生素。哇！這一連串過程聽起來好像很複雜，其實做起來並不困難唷。

首先，科學家將土壤中的大顆粒雜質篩除掉。把剩下的泥土混入一種特殊的化學物質中，攪拌成均勻的混合物，形成奶昔般的泥漿。這樣的混合物含有5,000到10,000種來自土壤的微生物。

現在，科學家感興趣的是微生物的DNA，尤其是能製造出新型抗生素的基因。所以，緊接著把這些土壤微生物與一種能將細胞瓦解的化合物混合，釋出細胞內的DNA。溶在液體內的DNA可以很容易的跟其他物質分開來。

由於微生物的DNA實在太長了，必須把它們切成較小的片段，才能有效的在實驗室中操作。科學家利用一類叫做「限制酶」(restriction enzyme) 的蛋白質（這是微生物製造的另一種產物）來切割DNA。限制酶就像一把大小與分子差不多的剪刀，順利的將微生物的DNA切成若干小段。

現在，我們有了上百萬個DNA片段，其中任何一個DNA都可能含有製造新型抗生素的遺傳訊息。接下來，要把這些來自土壤微生物的DNA植入替身細菌中，譬如鏈黴菌（*Streptomyces*）就是很好的替身，因為它們很容易在實驗室中培養。於是，這些替身接管了土壤微生物的工作，開始製造植入的DNA所指示生產的化合物。

這種DNA重組技術，讓科學家可以把另一種生物的基因轉移到替身細菌中。細菌經常可以利用一種叫做質體（plasmid）的載具，將DNA傳給周遭的夥伴。質體是由一小段DNA構成的環形遺傳物質，可以攜帶基因進出細菌細胞。科學家利用其他的酵素，將土壤微生物的DNA片段植入質體中，這種過程就好像在剪接電影那樣。黏接上新DNA片段的質體，現在可以順利的進入替身鏈黴菌的細胞內，並將這段

DNA併入鏈黴菌的基因庫中。科學家稱這些替身細胞為重組體，而這種讓新的DNA在重組體中代代繁衍的過程稱做選殖（cloning）。

這些經過DNA重組的替身細胞，在實驗室中大量繁殖，並製造出植入的DNA所指示的產物。科學家便從這些產物中尋找具有抗生素活性的化合物，而不必想盡辦法誘使土壤微生物在實驗室中繁殖。

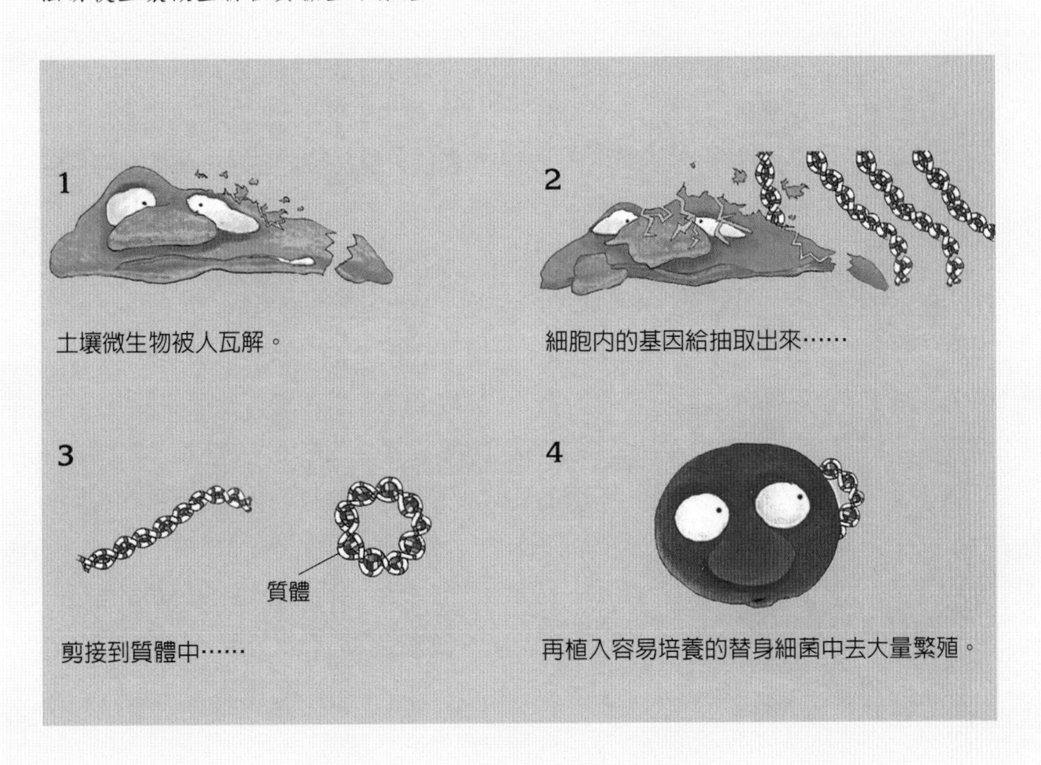

目前全球各地有幾個實驗室，正利用這種DNA重組技術來篩檢上百萬種經過基因改造的替身細菌，想從中找出新的抗生素。這樣的工作過程冗長，進度緩慢；從發現一種新抗生素到眞正實際應用，往往需要10到12年的時間。無論採行什麼途徑，研發新藥的成本向來就很高，但許多科學家相信，在微生物的基因中搜獵，至少可以讓我們發現許多有效的新型抗生素。

阻斷細菌的交談

即使科學家能成功的發現新型抗生素，醫生治療傳染病的方法還是不會改變——不外是給病人開抗生素藥劑，以降低入侵病菌的生長速率或把它們殺死。如果我們能善加利用抗生素，而不是隨意濫用，且只能經由醫生處方獲得，則抗生素的壽命也許還能維持較長的時間。不過，歷史告訴我們，這樣的策略終究注定會失敗。

想要徹底解決細菌的抗藥性問題，到頭來恐怕還是得尋求另類的管道才行。要是科學家有辦法阻斷病菌在人體內搞破壞的能力，但允許它們繼續正常的生長繁殖，這樣是不是可以減少病菌發展出抗藥性的機會？畢竟在人類試圖趕盡殺絕的情況下，往往容易激發病菌演化出抗藥性的能力，使抗生素動不動就失效了。

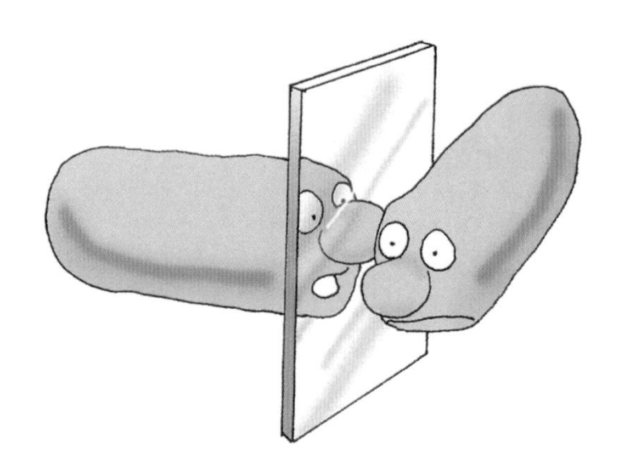

科學家已經知道，許多致病的微生物都發展出一套能與寄主細胞對話的化學語言（參見第三篇）。以人體為例，這種對話可能說服我們的細胞允許入侵者越過防線，也可能造成免疫細胞延遲平常的殺敵行動，或使我們的細胞改變內部的作業。如果科

用生物晶片偵測DNA

基因工程技術的革新，使我們現在有更佳的工具來診斷病菌感染。傳統的診斷法通常需要幾天到幾週的時間，才能知道結果。新的基因檢驗法讓醫生可以在幾個小時內確認特定的病原。有了好的診斷方法，才能有較好的治療，使抗生素不至於遭人濫用，也減少病菌產生抗藥性的機會。

每種微生物的DNA都具有獨特的核苷酸序列。研究人員利用這些獨特的序列做為各種微生物的分子探針，並將這些探針附著在矽晶片的表面，做成生物晶片（biochip）。然後，實驗室的檢驗人員把從病人身上採集到的病原樣本倒到生物晶片表面，看看是否有探針會與樣本中的病原DNA發生反應（即互補配對）。接著利用雷射掃描器掃描晶片表面，來測定晶片上探針DNA與病原DNA發生互補配對的確實位置。得到晶片表面的定位圖後，檢驗人員再利用電腦輔助辨識發生反應的探針，進而找出對應的病原微生物。如此便可以在短時間內確定患者感染的病原。有時，研究人員也利用探針，在茫茫的基因大海中「釣出」特定的基因。

好比說，發生反應的探針是對應到沙門氏菌，醫生就可以確定病人感染的是沙門氏菌。如果探針偵測出有一個基因，會使病菌對某種特殊抗生素產生抗藥性，那麼醫生就知道應該選擇另一種抗生素使用。在患者身上採集到病原樣本後，如果這些檢驗都可以在幾分鐘內完成，醫生便得以在第一時間就對症下藥，使患者有較好的機會得到正確的治療，抗生素便不致遭到濫用。

學家能發明一些化合物來阻斷這種「致病」的人菌對話，也許能保護人體不受入侵病菌的傷害，又不會威脅到這些入侵者亟欲繁殖的目的。

數量感應

另一種更有趣的方式是利用微生物所具有的「社會性」特質。微生物會利用化學訊號通知其他同類自己就在附近，科學家稱這種現象爲「數量感應」（quorum sensing），因爲這種化學聲音可以告知微生物，有很多同伴就存在它的附近。以病原微生物來說，當它「聽到」同伴傳來的正確訊號時，會啓動細胞內的反應，製造一大堆有毒的東西。平常病原微生物不會無緣無故這樣做，直到很多同伴出現時，大家才一起製造毒素，一舉成功進駐人體。

以入侵人體的金黃色葡萄球菌（*Staphylococcus aureus*）爲例。這種細菌會引起多種疾病，從皮膚感染、長癤到血液感染、中毒性休克，都有可能發生。金黃色葡萄球菌靠的就是製造一套毒素以及其

鏈黴菌（*Streptomyces*）

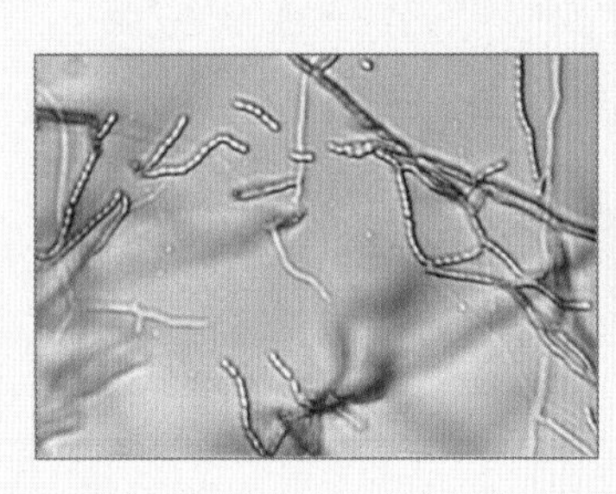

身分：細菌
住所：土壤中
嗜好：散發土黴味
活動：屬於生產者的一員，有驚人的合成能力，能製造超過500種具有抗生素活性的化合物。

數量感應

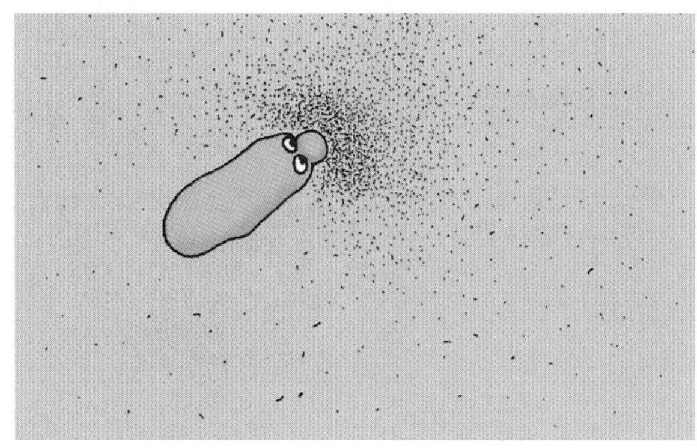

細菌分泌化學訊號……

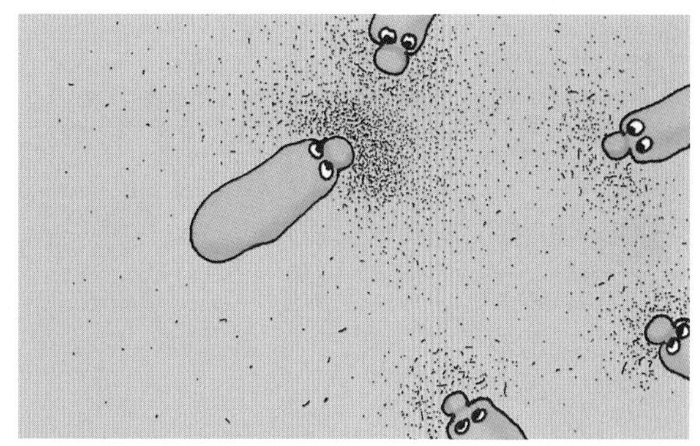

……附近的夥伴感應到了。

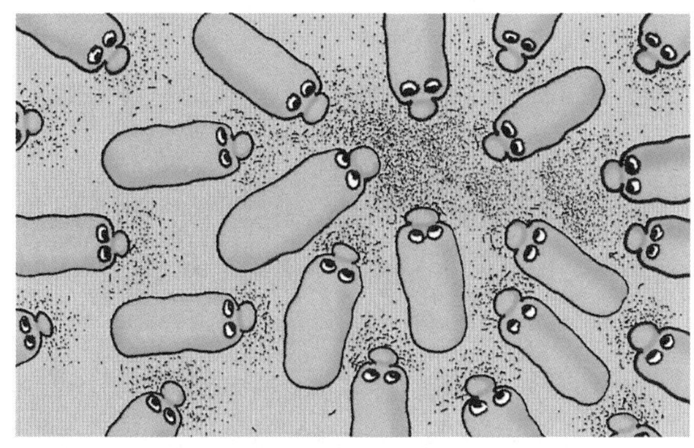

大家紛紛聚攏，等數量到達某個程度……

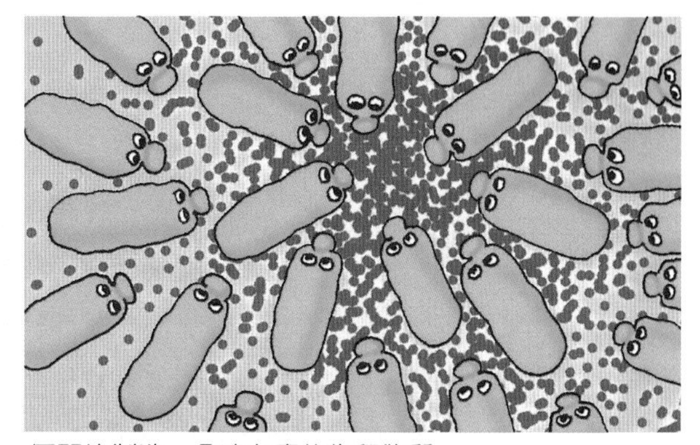

便開始製造、分泌有毒的化學物質。

他化學物質，來破壞我們的細胞，但它們也只有在感應到很多同伴都在一起時，才會製造這些毒素。

如果科學家可以發明一種方式，使金黃色葡萄球菌「聽不見」大夥同伴傳來的訊息，也許就可以阻止它們集體製造有毒的物質，使人體免受病菌破壞，而金黃色葡萄球菌也可以繼續繁衍下去。

環境大掃除

工業生產雖然帶給我們許多好處，但所造成的工業汙染，也無意間增加了許多社會成本。在某些情況下，我們給環境製造的汙染，竟導致很多土地都無法再居住、水源也無法再飲用。

光是看看美國的汙染問題就夠令人觸目驚心了。在一個由美國政府劃定的超級基金汙染場址的方圓6公里內，竟然居住了2,000萬人。另一個超級基金汙染場址周圍的1.6公里內，也住著超過400萬的人口。根據最近的調查顯示，想要清潔這些受到嚴重汙染的場地，把所需的人力、廢物傾倒場、及工地設備加總起來，至少要開銷1.7兆美元的費用！

超級基金汙染場址（superfund site），超級基金是指由政府設立基金來協助遭有害廢棄物汙染的場地復原，這種地方往往存在危害最大的汙染問題。

現在科學家已了解，微生物能透過物質的循環（所謂「你不要吃的東西，也許是我的美味佳餚」），來使地球上的生命持續繁衍下去。因此全球科學家正嘗試利用微生物的這種特質，來處理環境汙染問題。那些把人類製造的廢物當做盤中珍饈的微生物，可以成爲我們的好幫手，爲我們收拾過去遺留下來的髒亂，也預防未來的汙染。

核武競賽的後遺症

在美國喬治亞州的薩凡納河流域，科學家就是利用這種機制來解決環境汙染問題。科學家把住在鄰近一帶的微生物派上用場，鼓勵這些當地的微生物加速物質循環的天然反應，以這種特殊的方式來清理環境。

美國政府在1950年代初期，選擇以薩凡納河爲據點，來生產製造核武所需的原料——主要是氚（tritium，氫的同位素）和鈽-239。當時設有五個核反應爐，利用中子放射去撞擊目標物，來生產這些核武原料。

由於剛形成的原料在拿去製造核武之前，得先經過清理的步驟，因此工人接著把這些原料移到薩凡納河旁的另一間工廠，在那裡利用化學反應將有用的核武原料與廢物分開。這種分離原料與廢物的過程需要用到毒性很強的溶劑，包括三氯乙烯（trichloroethylene）和四氯乙烯（tetrachloroethylene），兩者有時都簡稱TCE。

工人再把使用過的溶劑轉移到儲存槽中暫放，每隔一段時間就把這些含氯溶劑經由埋在地下6公尺深的瓦管排出，流放到一個大型的水槽，讓含氯溶劑在那裡蒸散掉。

不幸的是，瓦管竟然發生外漏，使瓦管途經的一塊約2.5平方公里的土地，慘遭嚴重的TCE汙染。

從今天的角度來看，這種廢物處理法實在令人覺得不可思議，但當時1950年代的科學家和工程師確認爲，蒸散法是處理這些有毒溶劑最安全、有效的方式。事隔多年後，我們才發現，蒸散到大氣中的化學物質會再沉降到地表，汙染我們的水源。

在薩凡納河一帶，地下水位是在地下30公尺的地方，正位於那些瓦管之下。從瓦管中外漏的TCE有毒溶劑滲入土壤後，會繼續進入地下水中，可能導致由地下水支撐的水井、河川與溪流等系統受到汙染。TCE很有可能就從這些水源進入生物的食物鏈。

像TCE這類含氯的溶劑，是最難纏的汙染物之一，因爲它們可以在環境中保存許多年都不會分解，而且僅需非常少量就可發揮毒

▲
製造核武產生大量的放射性廢物，現在只能暫時存放著。將來若有不怕這種高度放射性的微生物出現，也許能幫人類解決這個大難題。

性，更可怕的是還會導致癌症。環境中可容許的TCE濃度是10億分之5，換句話說，只需5公升的TCE就可汙染10億公升的水。

如果以傳統的方法來處理TCE汙染，那你可能要拚命的抽取地下水，再經過加工處理來移除水中的有毒物質。但這種做法治標不治本，你只是把有毒物質再轉移到另一個地方去，況且在輸送過程中也不是沒有風險的。

由環境科學家赫任（Terry Hazen）所率領的一個科學研究小組，轉向微生物世界去求援，他們從微生物那邊獲悉的答案，連小組中最有想像力的科學家都感到十分震驚。

瞧，細菌在做工

這群科學家選用的微生物屬於一群愛吃甲烷的細菌，叫做嗜甲烷菌。它們存在自然界的土壤與水中，共同的特徵就是：利用甲烷做爲食物來源。

嗜甲烷菌的祕密武器是甲烷單氧化酶（methane monooxygenase），這是一種能把環境中的甲烷轉化成細胞所需物質的關鍵酵素。甲烷與氧分子結合後，可以提供細菌能量分子，並將其餘部分以二氧化碳的形式釋放到大氣中。

甲烷是天然氣的主要成分，可以提供家庭能源，讓屋子裡有暖氣、爐子裡可生火。自然環境中存在大量的甲烷，有甲烷的地方，就有喜歡吃甲烷的嗜甲烷菌快樂的生活著。

赫任和整治薩凡納河的科學家與工程師知道，甲烷單氧化酶還能分解其他超過250種的化合物。這些化合物中，有些是當今是世上最毒的化學物質，包括TCE。根據調查得知，嗜甲烷菌很可能早已存在受汙染的土壤中，且已慢慢的在分解TCE。科學家也知道，如果就讓這群細菌用自己的步調進行下去，可能需要好幾十年的時間，才能完全分解環境中的TCE。

接下來的挑戰就是如何加速嗜甲烷菌的活動，以縮短分解汙染物所需的時間。

誘拐嗜甲烷菌換口味

解決之道就在於把生物學的知識和石化工業的工具結合起來。這群科學家推論，如果可以增加土壤中的甲烷濃度，居住在裡面的嗜甲烷菌將獲得大量的食物。如此，嗜甲烷菌便可加速繁殖，數量暴增。增多的菌數也促使甲烷給大量消耗掉，如果土壤中的甲烷濃度降低，嗜甲烷菌便轉向其他化合物去尋求替代的食物，TCE就是這種情況下的一種選擇。

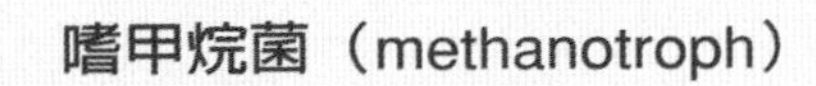

嗜甲烷菌（methanotroph）

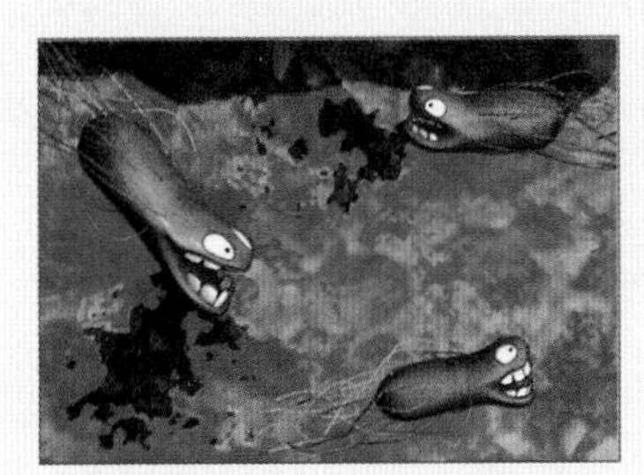

身分：細菌

住所：含有甲烷的土壤中和水中

嗜好：和一大堆分解者聚在一起

活動：身為分解者的一員，能將有機物分解後所產生的甲烷當做食物，把甲烷轉化成細胞所需的物質與二氧化碳。在甲烷不足的情況下，它們也能以其他250多種有機物為食物。

有一個不錯的辦法可以增加土壤中的甲烷濃度，就是在受汙染的地下水正下方埋入水平走向的管線。工程師利用開採石油的水平鑿井設備，沿著舊管線（也就是當初用來將TCE輸送到大水槽去蒸散的瓦管）的路徑埋下30公尺的長管，然後開始灌入甲烷和氧氣。

甲烷和氧氣像冒泡泡那樣經由地下水進入土壤中。住在土裡的嗜甲烷菌一定以爲自己來到仙境，怎麼突然有這麼多吃不完的甲烷和用不完的氧氣，實在是一大享受。於是，它們迅速繁殖，土壤中很快出現大量的嗜甲烷菌。不過，科學家也懂得拿捏甲烷的濃度，等到菌群繁殖到某個數量後，便減少甲烷的供應，迫使嗜甲烷菌轉而以TCE爲替代的食物。很快的，土壤中的TCE濃度便開始下降。

幾個月的時間（不是幾年，更不是數十年），TCE的濃度已降低到無法偵測出來的地步。土壤中殘餘的都是嗜甲烷菌消耗TCE後的副產品——二氧化碳和鹽類。

待嗜甲烷菌的任務完成後，工程師便關閉甲烷的供應。嗜甲烷菌在缺乏穩定的食物供應之下，菌群數量又掉回最初的水準，而這個受到嚴重汙染的薩凡納河地帶，大多又回復到原來尚未設立工廠的狀態。

這種透過微生物的力量來做環保的方法，開銷是傳統清潔法所需費用的一半不到（僅45%），而且所需的清理時間也節省很多。同時，利用細菌來分解有毒化合物，殘餘下來的都是完全無害的東西。顯見科學家已懂得利用自然界最古老的解決之道，也就是生物復育法（bioremediation），來處理環境汙染的問題。

嗜甲烷菌前來搭救

為了解救薩凡納河的環境汙染問題，科學家在汙染地區的下方埋入長長的管線……

將甲烷灌進管線中，甲烷像氣泡般湧入土壤，使土壤中的嗜甲烷菌大量繁殖。

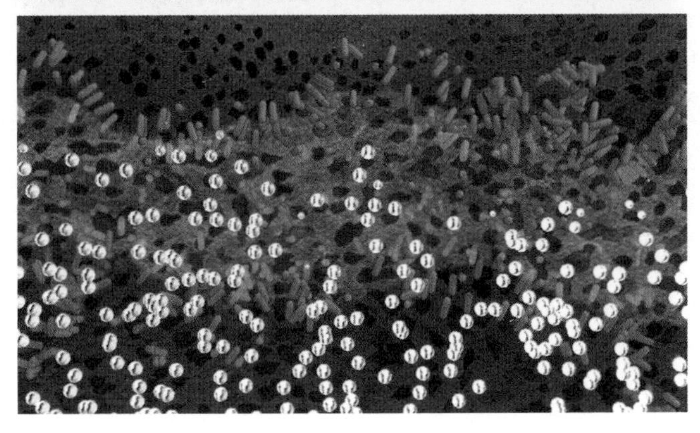

當甲烷的供應減少時，數量龐大的嗜甲烷菌不得不轉向利用汙染物質TCE，當做它們的食物來源。

誰來清理垃圾？

赫任和薩凡納河環境回復計畫的同僚，這回又在設想如何把微生物的本事應用在住家的鄰近地區。以位在喬治亞州哥倫比亞郡的貝克路垃圾掩埋場為例，它僅僅與薩凡納河汙染場址隔著一條馬路，是喬治亞州境內88個掩埋場之一，也被視為當地的垃圾山，那一帶的家庭與工廠產生的垃圾都傾倒在此。

1990年，喬治亞州和美國其他許多州同時修改垃圾掩埋法規。美國環保署發現，垃圾掩埋場是地下水汙染的重要原因。從垃圾中流出來的汙水往往含有化學汙染物，會慢慢滲入水源中。從1990年起，所有垃圾掩埋場的底部都需加蓋一個襯底，來承接從垃圾堆流出的汙水，再將汙水轉移到他處去處理。一旦掩埋場填滿垃圾後，必須將整個場地覆蓋好，並監控裡面的垃圾在30年內(或更久)逐漸分解的情形。這些過程都需要龐大的費用開銷。

赫任和同僚說服喬治亞州政府及環保

在垃圾掩埋場中，由於缺乏氧氣，使微生物分解垃圾的速率很慢。赫任和同僚利用翻攪垃圾及灌入氧氣的方式，創造一個巨型的堆肥場，刺激微生物的生長。結果，微生物果然在短時間內將垃圾分解成簡單的有機物、二氧化碳、和水。

署，讓他們示範一種新計畫。他們認為，貝克路垃圾掩埋場就好像一個巨型的糞土堆，所不同的是裡面含有有毒的廢物。如果能善加利用堆肥的策略，可以加速有機物質的分解，使垃圾快一點壓縮體積，減少先前所占據的空間。

堆肥（composting）純粹是一種微生物的處理過程，靠的是自然界龐大的微生物社群對廢棄有機物（例如蔬菜、水果和紙類垃圾）的消耗與分解，這也是生命移除廢物的正常管道。這些微生物把許多垃圾轉化成腐植質，成為土壤的成分。不過，當我們不斷把廢物往掩埋場傾倒時，堆積如山的垃圾會使天然的微生物缺乏足夠的氧氣與溼度來有效的做工。結果導致這些物質需要很多年的時間才能分解掉。

赫任和同僚在貝克路掩埋場選擇一塊區域，來做堆肥的觀察與研究。他們打進充足的氧氣，並讓卡在垃圾中的水分在垃圾堆裡循環流動，以保持適當的溼度。接著觀察溫度、水分、二氧化碳的變化（這些都是分解過程的主要副產物），並讓分解物質保持穩定狀態，以利垃圾在短短幾個月內壓縮、減少。另外，他們還重複利用垃圾中的汙水，也減少了分解完後必須處理的液態廢物量。

目前，這項實驗似乎發揮了功效。儘管掩埋場的堆肥不像我們在自家後院堆肥那樣，可以增加土壤的養分，卻有助於減少垃圾中的固態汙染物與廢汙水。就環境保護而言，這確實是一個很好的開始。

赫任：「想來挺有趣的，微生物這種造物者手中所捏出的最小東西，卻有最大的潛力解決人類最嚴重的問題。」

微生物將垃圾轉化成簡單的有機物以及二氧化碳和水，後兩者是它們代謝的廢物，將被釋回大氣中。

高科技的後遺症

位在美國東北角的佛蒙特州北部，每年吸引上百萬的觀光客。他們到此來欣賞滿山綠意的夏天、五彩繽紛的秋天、以及白雪皚皚的冬天。

當初華生（Tom Watson）也是慕名而來的遊客之一，但他很快的愛上這塊土地，並在此落腳生根，把這裡當做第二個故鄉。華生帶來的，不僅是一份對佛蒙特州北部天然風光的熱愛，身爲IBM公司的總裁，他還把一座大型的電腦晶片製造廠帶到當地的小鎮──艾斯克斯強克遜（Essex Junction）。如今這座工廠已成爲全球最大的晶片製造廠之一（晶片就是帶動整個資訊時代運轉的電腦小零件）。

溶劑外漏釀成汙染

IBM公司位在艾斯克斯強克遜的晶片製造廠，有一點像過去的鋼鐵廠。它爲當地居民創造就業機會，帶動地方的繁榮，只是製造過程所產生的化學物質，也對工廠下方的土壤與地下水帶來嚴重的汙染。

半導體的製造過程牽涉到許多化學物質，需要用到各種溶劑、酸鹼物質、氣體等，以便在晶圓片上刻畫微電路。不論是在晶圓片上蝕刻半導體電路，或是把畫好的晶圓片清理到規定的標準，以防微電路受損，過程中都需要用到很多化學物質。

和許多1960、1970年代的公司一樣，IBM公司基於安全的考量，以地下系統來儲存與輸送這些化學溶劑與溶劑廢物。由於溶劑屬於高揮發性的物質，流漏出來的溶劑並未經過清理，因爲它們最後都會揮發掉。人們事後才發現，這種處理方式使得很多溶劑都殘留在運輸管及處理廠下方的土壤與地下水中。

自從在1979年發現這個問題後，IBM公司開始裝置地面上的運輸管線與處理槽，以監控溶劑外漏的情形，避免造成環境汙染。IBM公司也與美國環保署及佛蒙特州政府協商，展開工廠附近的環境清理計畫。他們把地下水抽出，經過特殊的處理，來移除水中的汙染物。又把空氣灌進土壤中，利用過濾器來收集溶劑分子，再予以移除。

就在IBM公司致力於清除地下水中的溶劑時，無意間發現一些新的微生物夥伴。原來，自然界中，有很多微生物已演化出「吃」溶劑的能力，能把溶劑分解成二氧化碳和水。在許多地區，這種微

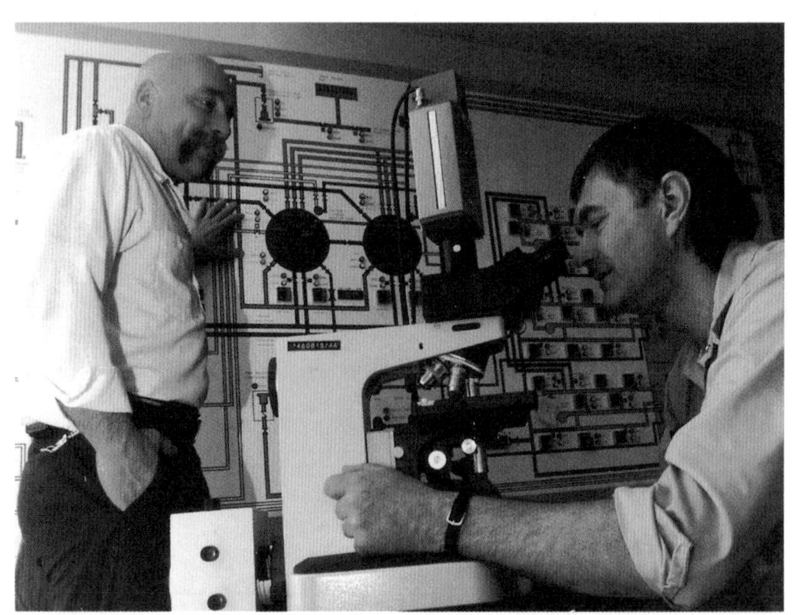

Courtesy of International Business Machines Corporation

▶
在工業界，利用微生物處理有毒廢物，漸漸蔚為風尚。圖中，IBM晶圓製造廠的員工正利用複雜的儀器來監控溶劑外漏的問題，並利用微生物將有毒溶劑轉化成無害的物質。

生物的作用已加速溶劑的分解，過程頗類似薩凡納河汙染場址的微生物效應。由於微生物的分解作用十分成功，IBM公司從此開始利用天然的微生物來移除處理槽中的溶劑。

省錢又可靠的小夥伴

除了加強清理過去的汙染物，IBM公司還得繼續處理目前的工廠營運所製造的廢物。不論是廢物的清潔或是處理，都需要很大的開銷，使得公司經營的成本也反映在員工、股東與消費者的荷包中。IBM公司顯然還需找到更有利環境保護的製造流程，以確保公司未來的發展。

首先，IBM公司改變了製造過程，以異丙醇（isopropyl alcohol, IPA）取代過去毒性較高的溶劑來清洗晶圓片。這樣的改進確實有幫助，但是艾斯克斯強克遜晶圓廠每年製造的40,000加侖的異丙醇廢物，也不是隨地傾倒就了事了。

最初，IBM公司派人用卡車把異丙醇載到當地一個處理廠燃燒掉。但這個方法費用很高，而且還會製造另一種汙染問題，就是：把溫室氣體釋放到大氣中。

1996年，IBM公司開始利用微生物反應器來處理異丙醇廢物，反應器中有無數肉眼看不見的小夥伴，提供另一種消除異丙醇的途徑，以取代燃燒的方法。今天，反應器中的微生物還是拚命的吃著異丙醇，並將對環境無害的廢物吐回反應器中。

利用微生物完成反應後，IBM公司接著將已無毒性的廢物轉移到工業廢水處理廠，最後排放出乾淨的純水，流進鄰近的溫努斯基河。微生物提供IBM公司一個經濟實用的解決之道，每年爲該公司節省將近4萬美元的製造成本，並將原本有毒的汙染物轉化成生物可利用的安全化合物。省錢事小，能轉化有毒物質，可說是微生物對人類的寶貴貢獻。

IBM公司依舊必須面對早期的汙染所留下的後遺症，儘管該公司肩挑起這項重任，但究竟要如何徹底清理環境，他們仍在尋求解決之道。

發明超級細菌

▲
我們進入一個運用生物處理來解決問題的年代，跳脫了以往利用機器處理的時代。

我們對清潔環境的需求，有時候超過微生物的本能。尤其當環境中有多種有毒的化學物質並存，或是化學物質中包含了專門用來抵制細菌分解作用的物質（例如防腐劑）時。遇到這種情況，我們還是回歸傳統的環境整治方式──移除與存放。

不過在一些非常棘手的問題上，微生物還是可以前來援助我們。只要給予足夠的時間演化，它們大多能產生更高強的武功來搭救人類。只是，光靠微生物自然而然的演化，可能需要很久的時間。因此，科學家決定先下手爲強，開始嘗試把各種微生物的特質結合起來，創造出「超級細菌」（super-bug），來超越自然演化的過程。

1970年代初期，一群科學家在查卡拉巴提（Ananda Chakrabarty）的帶領下，創造出世上第一種超級細菌。他們把來自各種細菌的基因植入某一細菌中，讓它能夠分解石油中的多種有毒化合物。事實上，這種經過改造的細菌可以光靠原油維生，將原油中的某些成分分解成有用的物質與能量。於是，這種超級細菌成爲收拾石油外漏的另一種解決之道，只要把這種細菌撒在汙油上，它們就開始大吃特吃起來。

至今這種吃汙油的細菌尚未給釋放到環境中，不過倒是在奠定生技產業的基礎上，扮演了要角。1980年，美國專利局頒發了專利給查卡拉巴提，這是史上首度爲基因改造細菌的創造與應用頒發專利的案例，也爲生技公司保護自己的發明開創先例（早先的化學公司與製藥廠，就是用申請專利這種方式來護衛權益的）。

從此，全世界的科學家都開始善加利用細菌的謀生工具。想要設計出一些超級細菌，來解決最複雜的環境汙染問題，將不再是夢想。例如，我們可以把一些能製造酵素來分解有機溶劑的基因，植入某種能在極高輻射環境中生存的細菌體內，如此便可利用它們來清除受輻射汙染的溶劑廢物。

▲
類似艾克森．瓦德茲號超級油輪的漏油事件，使我們注意到必須以更有效的方式來清除汙油及其中所含的有毒物質。就在利用細菌收拾汙油的過程中，科學家首度證實，為細菌添加營養素後，可以加速它們分解汙油的速率。

潛在的環境隱憂

不過也有人擔憂，把經過基因改造的細菌釋放到環境中，是否會引起其他的問題。目前爲止，這種動作仍在嚴格管禁中，使我們無從測試查卡拉巴提發明的超級細菌在環境中的實際表現。

關於這樣的新穎科技，我們沒有前例可循，但前人將外來動植物引進本土天然環境中的悲慘經驗，已讓我們記取教訓。像是在美國造成極大損失的斑馬紋貽貝，以及危害台灣農田的福壽螺，都是無心插柳所種下的嚴重後患。

基因改造細菌對環境是否會造成類似的副作用，還有待商榷。但重要的是，要知道我們所住的世界是由各種生態系構成的，而不僅僅是由生物構成。生態系是由各種關係密切的組成交織而成的一張網，改變其中任一組成，都可能牽動其他的組成，而且很多變化都是無法預期的。改變的規模愈大，不可預知的後果也愈多。

餵養全世界的人口

過去20多年來，全球持續成長的農作物收成量已供應人們許多糧食，但是在很多開發中國家，因爲人口的暴增，營養不良仍是個嚴重的問題。未來的50年裡，全球需要再增加50%的食物產量，才能趕上全球人口的成長速率。

要解決這個問題，需要從多方面下手：包括增加農地與灌溉面積、減少土壤侵蝕、改進農耕方式與善用水資源。當然，也包括糧食作物的改良。

自從人類懂得耕種務農以來，改良植物品種的歷史也隨之展開。很久以前，人們就知道經由育種來創造符合需求的作物。如果有一株植物可以產生比較多的果實或種子，我們會優先繁殖那株植

酵母菌（*Saccharomyces*）

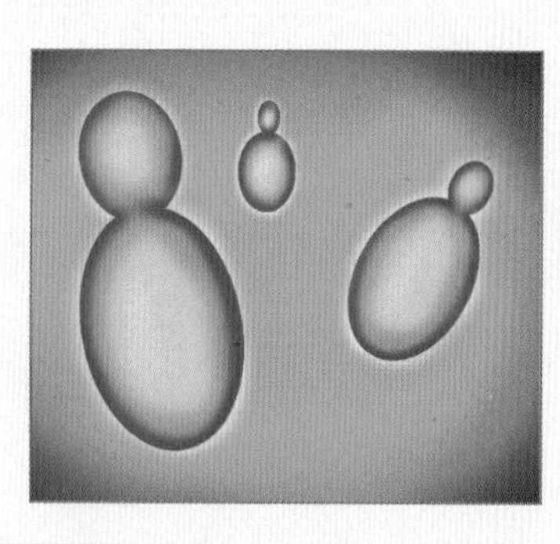

身分：真菌

住所：水果和花朵上有糖出現的地方

嗜好：製造氣體與酒精

活動：身為最古老的製造者之一，最為人熟知的品系有麵包酵母和啤酒酵母；參與麵包、啤酒和其他酒類的製造，已有幾千年的歷史。

物。如果我們希望某植物有較佳的耐旱性，我們就把耐旱的植物拿來與它交配。

不過，選擇性育種是一項過程緩慢且瑣碎的工作。所幸，微生物提供我們很好的工具來加速優良性狀的轉移；有時候，甚至從微生物本身的基因庫中提供寶貴的性狀，幫我們做育種。

微生物成爲基因改造的工程師

科學家利用聰明的基因工程師──癌腫桿菌，來當做基因轉殖的工具，讓植物獲得有益的性狀。通常，這種細菌在感染植物後，能將本身的一段DNA轉入植物的細胞中，這段DNA上的基因將引起植物的腫瘤病（crown gall），使植物長出類似腫瘤的組織。

不過科學家發現，當他們把這種引起腫瘤的DNA去除後，並不會影響細菌轉殖DNA的能力。因此這種去了「毒牙」的細菌便成爲

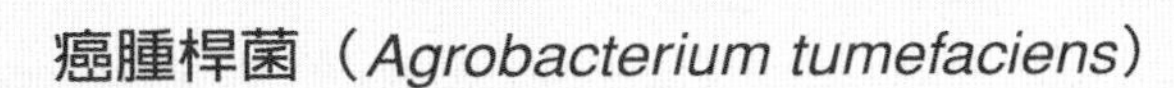

身分：細菌

住所：植物的組織

嗜好：傳遞遺傳訊息DNA

活動：身為基因轉殖者，能把基因傳遞給它所感染的植物，引發植物的腫瘤病，並提供方便的工具，讓我們把目標基因轉移到植物的細胞內。

很好的工具，能幫助科學家把各種新基因帶進植物細胞內，讓植物表現出我們想要的性狀。

當癌腫桿菌成功的將新基因轉入一個個植物細胞後，每個植物細胞都可再發育成一棵新植株。新植株的每個細胞都含有新的基因，可以傳遞到下一代。這表示從新植株的種子到扦插的枝條中都含有新基因，它們所繁衍的下一代，也都將具有新基因。

在非洲辛巴威種植的抗病毒樹薯，就是這種基因改造植物。

與大自然搏鬥

辛巴威位在非洲下撒哈拉地區，這個國家具有開發中國家人口急遽成長所導致的典型問題。超過70% 的辛巴威人民以農業維生，他們種植作物，供自己食用，遇到產量好的時候，還可以出售農產品。不過，辛巴威農人所住的地區並不符合耕種的理想條件，那裡的土壤貧瘠，氣候不穩定。乾旱時有所聞，作物歉收變成常態。因此別說是銷售農產品，他們連餵飽自己都有困難。

樹薯（cassava，或稱木薯）是辛巴威人民的主食，也餵養著非洲其他地區的5億人口。樹薯是一種綠葉扶疏的植物，可以長到2公尺高，不過它的經濟價值是在地下的塊根。地面上的綠葉製造澱粉後，便儲存到地下的根部，使樹薯根愈來愈膨大，就像馬鈴薯的塊莖那樣。農夫種植樹薯，就是為了吃它的塊根。一塊樹薯根可以供應一家人幾天的營養。

從很多方面看，樹薯都夠資格成為下撒哈拉地區人民的主食。它最大的優點就是耐旱。當玉米、小麥等作物因為不敵乾旱而枯萎時，樹薯還能屹立不搖，膨大的根部持續儲存養分。

但樹薯的生長會遇到一個問題：它們容易受到感染病的侵襲。嵌紋病毒是非洲樹薯的主要病原。當這種病毒入侵樹薯時，整株植物的細胞會漸漸受到感染，病毒大量複製的結果將導致樹薯的葉片萎縮且布滿斑點。

由於葉片受損，使得陽光中的能量無法有效的經由光合作用轉化成有用的澱粉，儲存在根部。當病毒肆虐到最高點時，樹薯的產量可能下降到只剩一成。在一片遭到病毒肆虐的田地，農人每公頃面積僅能收成3到6公噸的樹薯，與正常時的30公噸產量相差甚巨。

和許多病毒一樣，侵襲非洲樹薯的嵌紋病毒很難消滅。這種病毒主要仰賴樹薯田中另一種常見的居民──粉蝨（white fly），來幫它們擴散。當粉蝨停在樹薯上吸食營養的汁液時，也會連帶的吸入嵌紋病毒。等粉蝨飛到下一株樹薯去覓食時，又把不小心染上的病毒注射到這株樹薯的莖幹中。一旦嵌紋病毒找到落腳處後，它們可以很快的藉由這種忠實的媒介散布開來。

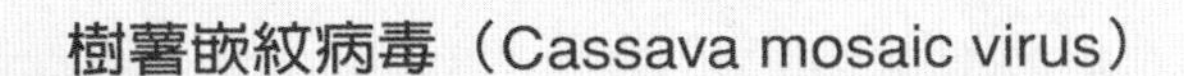

樹薯嵌紋病毒（Cassava mosaic virus）

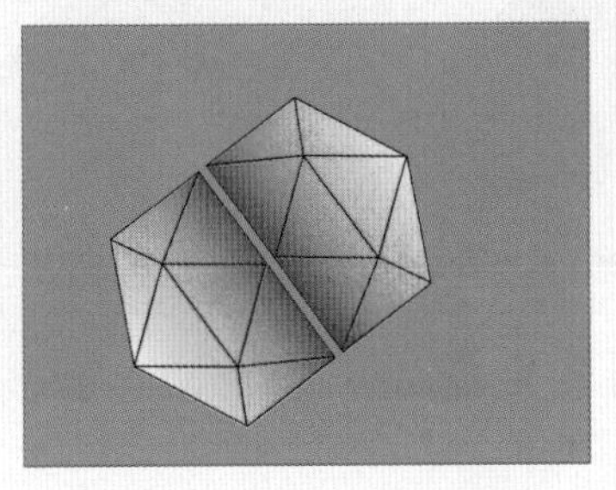

身分：病毒

住所：樹薯葉片的細胞中

嗜好：搭粉蝨的便車，在樹薯植株間旅行

活動：屬於植物病蟲害的一員，會感染非洲人重要的食物來源──樹薯，使樹薯根的產量大幅下降。

樹薯嵌紋病毒破壞樹薯的葉子，
使樹薯的產量下降90%。

嵌紋病毒的傳播方式

經由樹薯病株的扦插，傳播到他處。

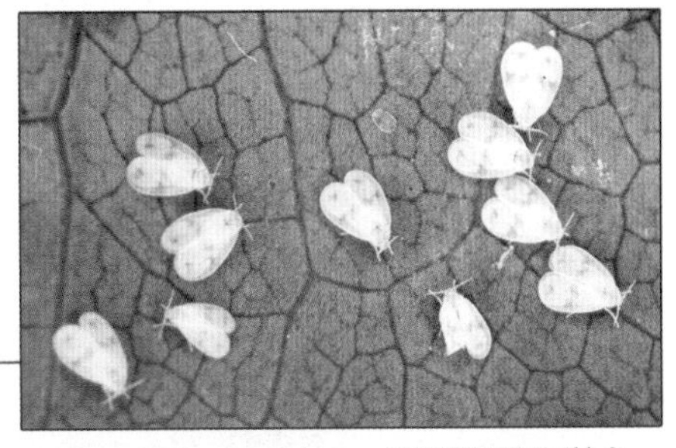

經由粉蝨的媒介，
從這株樹薯傳遞到另一株樹薯。

經由感染的根部
在鄰居之間傳播。

一種遏止嵌紋病毒的簡單方法就是撲滅粉蝨。村人可以利用殺蟲劑來控制粉蝨，但這種化學藥物又貴、又可能汙染他們另一種稀少的資源——飲用水。

再者，這種病毒還有另一群忠心的助手，那就是村民本身。當地的農人是利用扦插法來繁殖樹薯，也就是把樹薯的莖幹切下，移到其他地方去種植。如果該植株本身已受病毒感染，那麼切下莖幹轉植到其他農地中，恰好幫助病毒播遷到新地方。由此可見，即使沒有粉蝨的媒介，病毒還是可以從甲地散布到乙地。想要制止嵌紋病毒的破壞，勢必得尋求殺蟲劑之外的解決之道。

向自然尋求解決之道

在加州拉荷雅國際熱帶農業生技實驗室工作的馬沙納（Victor Masona），是來自辛巴威的年輕科學家，他和同僚轉向自然界尋求解決之道，希望創造出對病毒有抵抗力的樹薯。

另一群在別的實驗室工作的科學家已發現，改造植物的基因，使它們製造出某種病毒的蛋白質外殼（capsid），可以使植物不受該種病毒的感染。由植物細胞產生的病毒蛋白質外殼，可以通知細胞內的複製系統，說病毒已完成複製的最後一步驟，如此可以欺騙病毒，讓它們以為已經完成繁殖的使命。根據這個原理，馬沙納和同僚假設，如果他們能把嵌紋病毒的蛋白質外殼基因植入樹薯的細胞中，也許就能創造出對嵌紋病毒有抵抗力的植株。

為了證實這項假說，馬沙納利用癌腫桿菌做為基因工程師來測試。首先，他把嵌紋病毒的蛋白質外殼基因植到癌腫桿菌中，接著利用這種細菌將新的DNA引進樹薯細胞內。一旦蛋白質外殼基因成功的植入細菌中，細菌自然就能經由感染，把這基因帶入樹薯細胞。

結果，經過基因改造的樹薯，在實驗室中一舉成功，馬沙納的假說得到證實：能製造嵌紋病毒蛋白質外殼的樹薯，果眞對嵌紋病毒具有抵抗力。這群科學家創造出新種樹薯，爲以樹薯爲主食的非洲人民帶來無窮的希望。

不過，這只是在實驗室中的成果，後頭還有更重要的挑戰。爲了顯示經過基因改造的樹薯能夠解決非洲人的糧食問題，他們還得將這種植物回歸到辛巴威的天然環境去測試。這種抗病毒樹薯必須能夠生長在乾燥、貧瘠的土壤中，並生產出膨大的根部，就像易受病毒感染的樹薯那樣。只是這最後的步驟並不簡單，起碼和操作樹薯的基因一樣困難。

▼
辛巴威的生物學家馬沙納向村民解說感染病毒的樹薯葉。

而且，辛巴威政府在面對該如何引進基因改造作物，尚無定論與對策。看來相關的法令得趕緊成立，馬沙納的研究團隊才能完成最後也是最關鍵的田野測試，以了解種植抗病毒樹薯的可能性。

製造更多、更好的食物

現今，全球的科學家已利用癌腫桿菌和其他的基因轉殖技術，把有利用價值的細菌性狀引進各種植物中。想想看，如果植物能自行製造殺蟲劑來對抗天敵，豈不是太美妙了？這樣我們就不必額外噴灑殺蟲劑，以免危害環境。新葉馬鈴薯（New Leaf potato）就是這樣的植物。

科學家把一種製造毒素的細菌基因植入新葉馬鈴薯中，這種毒素可以有效抵抗馬鈴薯的主要天敵——馬鈴薯甲蟲（potato beetle）。由於所有的馬鈴薯細胞都含有這個基因，所以都能製造出毒素。因此，今日的新葉馬鈴薯正在農田中快樂的生長，即使有大批貪吃的甲蟲環伺四周也無妨。

微生物也可以幫助植物抵抗除草劑。大規模的作物生產需要尋求有效的辦法來清除田中的雜草，農人往往使用除草劑來解決這個問題。不幸的是，除草劑通常不是很有選擇性，它會把作物和雜草統統殺死，所以農人必須在作物發芽之前使用除草劑。

為了解決這問題，科學家曾做了一種嘗試。他們把一種能對抗磷酸糖（glycophosphate）這種常見除草劑的細菌基因植入大豆中。由於經過基因改造的大豆不受這種除草劑的影響，農人可以等到確定真的需要時，才使用除草劑，而不必提前使用。這種基因改造的大豆幫助農人節省開銷，也保護環境不受過多除草劑的破壞。

有些植物經過基因改造而延長了保存的期限，使市場上有較充足的食品可以供應消費者。以莎弗番茄（Flavr Savr tomato）爲例，莎弗番茄含有一種基因，可以干擾番茄製造一種使組織變軟的酵素。當這種酵素的活性受阻後，番茄不會那麼快就發爛。這樣的番茄可以延後採收時機，也可確保從農田到市場一路新鮮到底。

經過基因改造的新米種則可以使稻米更富含營養，供應以稻米爲主食的開發中國家的數十億人口。基因改造的米粒呈現金黃色外觀，因爲它們含有一套微生物基因，可以使米粒合成β胡蘿蔔素，這種化合物可以在人體內迅速轉化成維生素A。缺乏維生素A會導致人們易受病菌感染，而且可能出現夜盲症，全球有4億人口受這種問題困擾。這種金黃色的稻米也含有特殊基因，使米粒可以額外累積讓人體容易吸收的鐵質。缺乏鐵質是個更嚴重的問題，它影響著全球37億的人口。

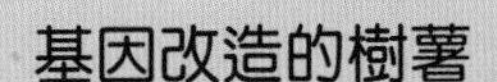

基因改造的樹薯

1. 在自然界中，植物容易受到癌腫桿菌的入侵……

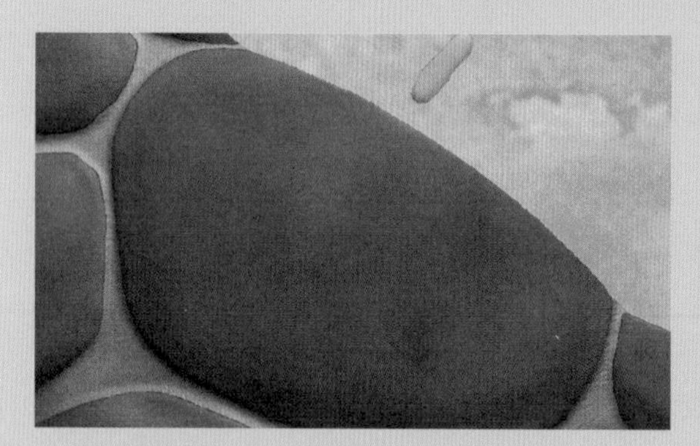

2. 癌腫桿菌會把自己的基因植入植物的細胞……

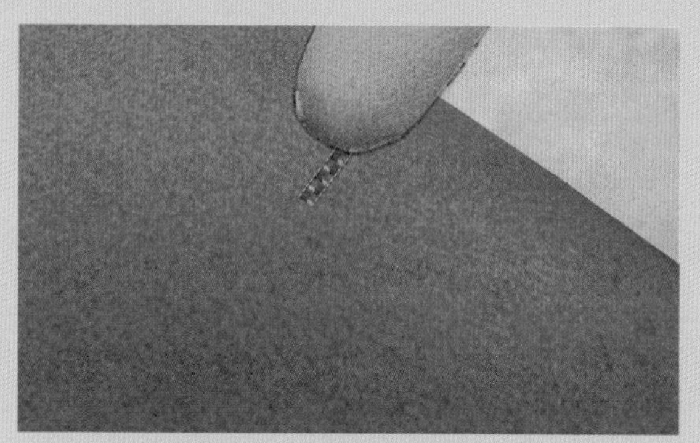

3. 但不會對植物本身有什麼傷害。

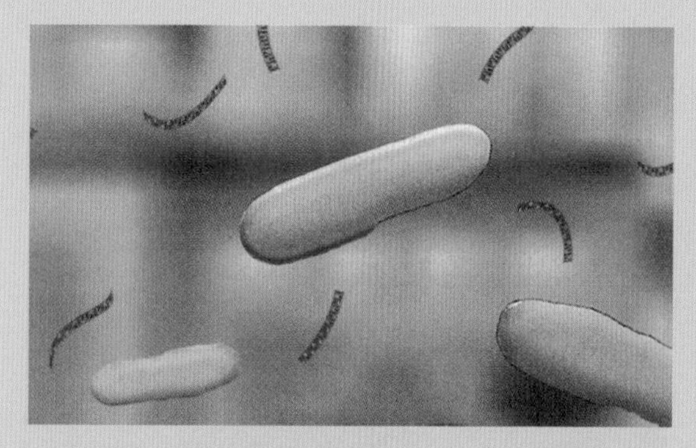

4. 在實驗室中，癌腫桿菌與嵌紋病毒的蛋白質外殼基因相混合……

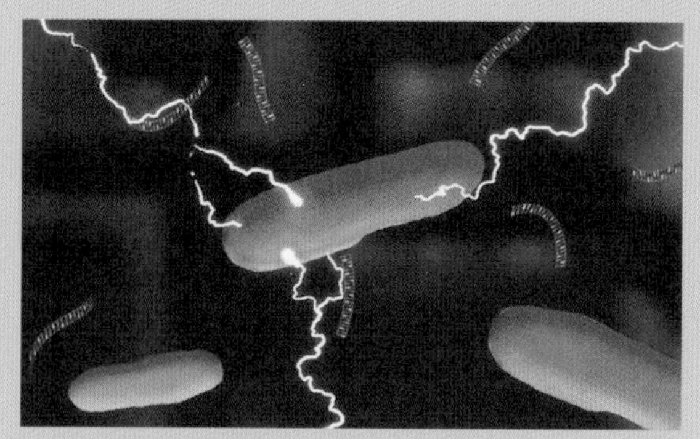

5. 施予電擊……

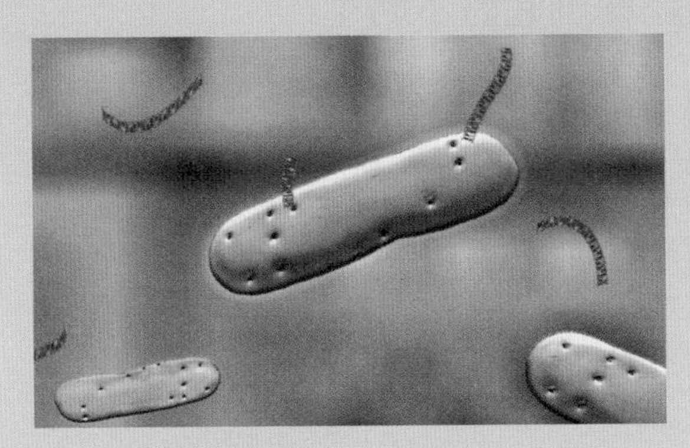

6. 導致細菌表面產生孔洞……

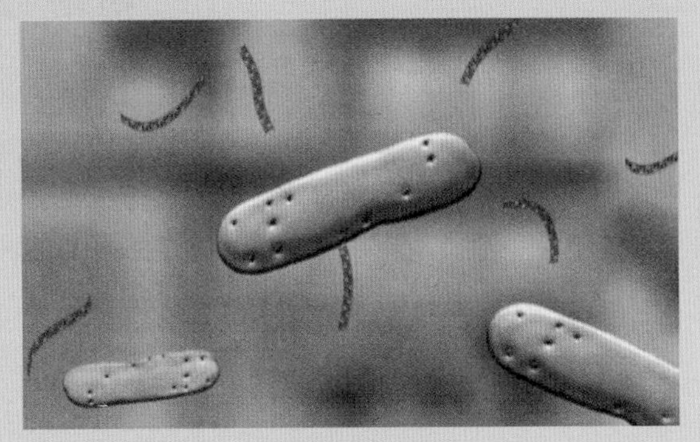

7. 使病毒基因可以進入細菌細胞內。

8. 現在，經過基因改造的細菌，可以去感染樹薯的細胞。

9. 當樹薯細胞發育成一整株植物，它的葉子對嵌紋病毒將具有抵抗力。我們說這株植物已經過「免疫」！

新葉馬鈴薯到底好不好？

馬鈴薯甲蟲引起的蟲害問題，長期困擾著美國的馬鈴薯農，這種昆蟲可以一夕間把馬鈴薯的葉片啃個精光。為了保護馬鈴薯，薯農不得不在馬鈴薯的植株上噴灑殺蟲劑，來消滅這種貪婪的昆蟲。不過，和非洲的薯農不同，現在美國的薯農對這種方式不再感興趣，因為殺蟲劑不僅開銷大，還可能汙染環境。

取而代之的是新葉馬鈴薯的崛起。新葉馬鈴薯與其他馬鈴薯最大的不同是，它能製造自己的殺蟲劑。這種能力不是經由自然演化而來的，而是科學家把蘇力

「我是超級甲蟲！」(保證抗殺蟲劑！)

菌（*Bacillus thuringiensis*）的某個基因引進馬鈴薯的結果。這個基因會製造Bt毒素，這是一種致命的蛋白質，任何想來啃食新葉馬鈴薯葉片的甲蟲，都會給毒死。因此，種植新葉馬鈴薯至少幫助薯農避免使用傳統的殺蟲劑。

不過，把新葉馬鈴薯引進市場卻引發一些爭議，雖然說新葉馬鈴薯具有薯農想要的特徵（除非你是一隻甲蟲，就另當別論囉）。美國傳統的薯農一般都是展開雙臂迎接這種新品種，任何能幫他們節省殺蟲劑開銷的事情，基本上都是一種恩賜。但在另一方面，擁有新葉馬鈴薯專利的公司要求薯農遵守一些約定，包括不准將這種馬鈴薯的種子分給其他薯農使用。這終將使薯農與種子公司之間建立前所未有的關係。

其實，新葉馬鈴薯所產生的Bt毒素，本來就是有機栽培農人常用的有機殺蟲劑。噴灑在蔬果上的Bt毒素最後會被雨水沖走，在環境中很快的分解掉。所謂「模仿是最高級的奉承」，生物科技界擁抱有機栽培農人使用了數十年的策略，卻無法取悅許多有機栽培農人，其中存在一項重要的原因。

殺蟲劑之於昆蟲，就像抗生素之於細菌，都會誘發抗藥性。一旦昆蟲對殺蟲劑產生抗藥性，有機栽培農人原本的殺蟲策略就會失效。研究人員已發現有一些甲蟲出現對Bt毒素的抵抗力。經過基因改造的新葉馬鈴薯及其他作物，使農田中產生大量的Bt毒素，這無疑提供良好的環境條件，加速昆蟲演化出抗藥性。有機栽培農人和其他人猜測，這種Bt毒素很難成為長期對抗蟲害的「神奇子彈」。

新葉馬鈴薯的潛在消費者，態度也有所保留。雖然Bt毒素對人體尚無已知的害處，但從前人們不曾如此大量吃進這種毒素。現在經過基因改造後，整株馬鈴薯，包括我們所吃的馬鈴薯塊莖，都含有Bt毒素。許多人擔憂，未經測試就大量把這種毒素引進食物鏈中，是否會引起嚴重的後果。德國和法國等國家，拒絕進口基因改造食物，就是基於這樣的考量。

新葉馬鈴薯和它引起的大眾迴響，暴露出基因改造食物潛在的問題。在全球很多重要的農作物產地，利用微生物來操作植物的基因已經是很普遍的事情。基因改造植物已上市數年了，美國已有200多萬公畝的農地種植著基因改造作物。

基因改造植物的隱憂

未來，人們對於改造植物基因潛在的後果，可能依舊爭議不休。基因改造植物（和基因改造微生物、動物）的創造與應用，將會在那些直接受到衝擊的人群中引起相當分歧的看法。

來看看Bt玉米和帝王蝶（monarch butterfly）的苦難。由於Bt玉米全株都含有Bt毒素基因，因此每個細胞都能製造這種毒素（做爲殺蟲劑），包括玉米的花粉細胞。花粉是植物演化出來的傳播工具，可以將玉米的後代播散到其他地方。由於花粉可能降落在鄰近的植物上，研究人員便把玉米的花粉撒在馬利筋草上，餵給帝王蝶的幼蟲吃，用以測試花粉的殺蟲效果。結果，那些毛毛蟲很快都死光光。

▶ 馬利筋草是帝王蝶的幼蟲喜愛的食物。到底這些毛毛蟲會不會被飄落到馬利筋草上的Bt玉米花粉毒死，還是個難解的問題。

這樣的發現引起環保人士及相關團體的關注，甚至有人宣稱這種基因改造玉米應該禁用。要評估這種玉米的花粉在田野中對帝王蝶造成的威脅，是很困難的事情。帝王蝶的繁殖範圍恰包含了美國玉米的種植帶，雖然牠們不是以玉米爲主食，而偏好馬利筋草，但玉米的花粉有可能飄落在馬利筋草上，使帝王蝶的幼蟲有機會接觸到這種含毒素的花粉。

玉米的花粉到底會不會擴散到玉米田之外，還是個未知數，況且從另一方面來看，殺蟲劑的使用總是免不了的。所以讓植物細胞自己產生毒素（即使它們有可能藉由花粉給吹到玉米田之外），究竟會不會比直接噴灑殺蟲劑還危險？面對這麼多不確定性，我們又該如何評估這些風險呢？

馬沙納的抗病毒樹薯和製造Bt毒素的玉米只是冰山一角，還有許多類似的案例。這些案例讓我們洞見人類未來在地球上的發展。許多人認爲，未來人類對食物的需求，無法僅靠延續目前的做法就能滿足。眼前這波基因改造作物所掀起的綠色革命，其優點將會漸漸的累積，但我們增加食物生產的速率還是趕不上人口的成長率。源自我們微生物夥伴的基因技術，正提供新的管道來彌補糧食短缺的問題。而辛巴威和其他世界各國，都必須決定是否要擁抱這樣的解決之道。

糧食之外的應用

現在科學家能夠把基因引進植物內，可說爲邁向更重大的進步開了一扇門。想想看，要是你可以把煙草作物轉變成製造實用產品的綠色工廠，那該有多好啊！或假如你讓小孩子吃了某種蔬菜，就可以獲得與注射疫苗相同的抵抗力，是不是也很棒呢？

這兩種情況都很有可能成爲事實。如今科學家已成功的利用煙草和其他植物製造出各種我們需要的東西，例如干擾素和抗體之類的人體蛋白質，以及生產塑膠所需的聚酯顆粒。基因改造植物可以用很低的成本，大量製造出我們需要的物質。

目前科學家正在研究可以對抗霍亂及傷寒的食用疫苗，這將提供莫大的機會來增進全球人類的健康。如果能利用馬鈴薯或香蕉製造適當的抗原，來使人體對導致腹瀉的病原免疫，這將有助於控制腹瀉這類嬰兒的主要死因。

在未來的幾年中，也許很多基因改造的蔬果都不需要冷藏或特殊的設備，就可以運送到地球上最遙遠偏僻的地方。我們的微生物夥伴將在這一波又一波的基因工程中扮演重要的角色。

與微生物合夥的黑暗面

我們與微生物世界的合夥關係，不盡然都帶給人類無限的希望。微生物也被人應用在戰爭以及近年常聽到的生物恐怖活動（bioterrorism）中，為人類與微生物的夥伴關係投下一道很長的陰影，使我們還必須擔心微生物遭人濫用的危機。

利用微生物做為毀滅性武器，並非最近才有的想法。最早把微生物應用於作戰的記載，可以回溯到古羅馬時代，當時的戰士把動物死屍丟進敵軍的飲水中，導致敵軍在喝水之後，紛紛生病潰倒。原因就是動物死屍中含有會汙染水質的傳染病菌。就在人們發現微生物是傳染病的病原後，它們很快成為人類軍火庫的一門武器。早

炭疽桿菌（*Bacillus anthracis*）

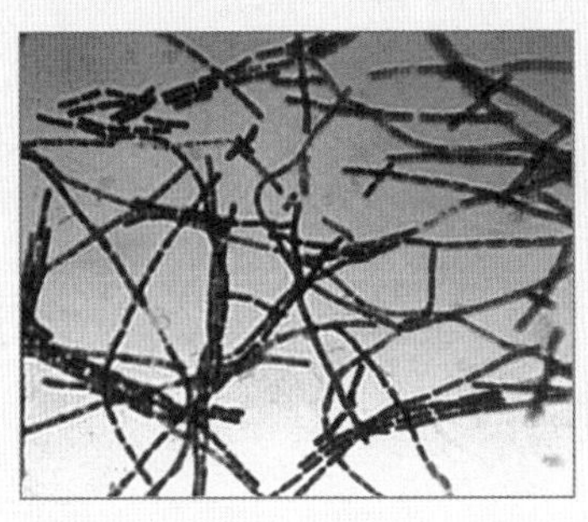

身分：細菌

住所：被染病的牛、羊、豬、馬汙染的土壤中

嗜好：在土壤中休眠

活動：屬於致命細菌的一員，被感染的人類及動物將出現嚴重的疾病；是生物戰與恐怖活動中常見的主角。

在1763年，英國人已懂得把沾附了天花病毒的毛毯，供應給美國俄亥俄州的印第安族人，企圖鎮壓叛亂。類似這樣的例子還有很多。

20世紀的世界大戰，更把微生物武器的威脅擴大到全球各地。當時，俄國、日本、美國，以及其他一些國家，開始投資大筆經費與人力，開發攻擊性與防衛性的生物武器。用於研究的微生物都具有符合軍事用途的條件：容易擴散、有致命性或毒性很高。動物實驗顯示，10公克的炭疽桿菌孢子（能迅速引起致命的肺部感染）所造成的死亡人數，相當於1公噸（100萬公克）神經毒的威力。

雖然生物武器的使用已遭世人譴責，且各國均已簽訂條約禁止使用生物武器，使用者將受到懲罰，但今日生物戰依然是人們擔憂的問題。炭疽桿菌、天花病毒、肉毒桿菌毒素等生物武器的製造，既簡單又不昂貴。生物科技革命又使得各種微生物武器很容易就能研發出來。

1969年，美國單方面撤除生物武器的研發計畫，關閉了位在馬里蘭州戴翠克堡的實驗室，並銷毀所有的庫存。許多國家也已同意遵守1972年簽署的「禁止生物武器公約」。今天，沒有一個國家承認目前仍進行著攻擊性生物武器的研究計畫。不過最近的歷史指出，伊拉克在波灣戰爭期間，曾積極開發生物武器，俄羅斯也有可能持續著生物武器的計畫。另外人們也懷疑，目前還有10到12個國家正進行或打算展開這方面的計畫。

撇開軍事用途，生物恐怖活動仍是個威脅。生物武器往往被喻爲「窮人的核子彈」，因爲生物武器容易製造，費用也不貴。所幸，到目前爲止，生物武器一直受到嚴格的管制。

對於生物多樣性的熱愛者而言，近年來圍繞在生物戰這片烏雲之外的，似乎是一絲絲的金光。1980年，世界衛生組織宣布天花病毒已完全被人消滅了。只剩下俄羅斯與美國擁有世上僅存的天花病

毒母液。兩國曾協商要在1999年7月以前銷毀母液，這將是人類第一遭蓄意滅絕一種生物的舉動。

但是在美國總統的施壓下，世界衛生大會同意延期銷毀。美國總統提出的主要理由是，美國人民擔心世上仍存在未經公布的天花病毒母液，它們給保留下來的唯一目的就是要發動生物戰。

天花病毒（Variola virus）

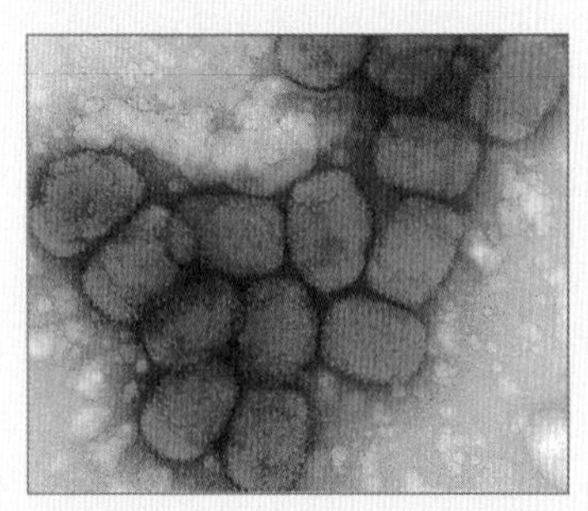

身分：病毒

住所：被冰凍在兩個實驗室中，一個在美國，一個在俄羅斯，受到官方嚴密的管制

嗜好：不再有任何嗜好

活動：屬於致命微生物的一員，會引起天花；是第一種讓人類完全撲滅的病原，但有人擔心目前仍有祕密的庫存，將被應用在可怕的生物戰中。

攸關微生物與人類的未來

在這顆我們稱之爲地球的行星上，人類將面臨怎樣的未來？雖然科學已發展了好幾世紀，我們依然面對許多重大的挑戰。每一天，全球各地仍有5萬人死於傳染病；而細菌不斷出現的抗藥性，也阻撓著抗生素治療的進展。人類過去與現今對環境的破壞，留下許多後遺症，讓好幾百萬人生活在有毒物質與核廢料環伺的危險中。在20世紀結束後，全球還有將近8億人口沒飯吃。

不過，有一件事是很清楚的。我們對微生物世界的了解與知識，將在未來的數十年中提供我們改善生活與健康的機會，但也可能讓我們面臨新的挑戰。

微生物提供人類一些新的抗菌化合物，以治療傳染病，尤其是那些對目前抗生素具有抵抗力的病原所引起的傳染病。病菌的抗藥性還會陸續出現，部分是人類不當的行爲所致，使我們在對抗細菌感染的道路上，還有許多硬仗要打。我們要重新思考抗生素的濫用問題，避免在非醫療的情況下使用抗生素，或者找出新門路來預防細菌抗藥性的持續威脅。

微生物提供我們清除環境汙染物的新方法，幫我們收拾環境的爛攤子，使一些有毒物質和其他汙染物轉變成無害的東西，恢復受損的環境。只是，過去的高科技製造業與核武工業留給環境的嚴重傷害，連最貪婪好吃的微生物也幫不了忙。在最糟的情況下，我們還是得把有毒廢料儲存起來，等待科學家發明或發現新的解決之道，而答案很有可能就藏在微生物的世界中。

微生物細胞就像一個個迷你的小工廠，提供我們以更乾淨、更有效的方式來製造各種產品，像是抗體、塑膠、燃料等東西，也幫助我們避免重蹈覆轍，成爲破壞自然環境的罪人。但我們還需要努力向世人倡導微生物在這方面所提供的經濟利益，以鼓勵已開發和開發中國家多多善用微生物。

微生物提供我們很好的工具，來改善作物的營養價值以及栽培方式，爲人類引進下一輪的綠色革命。但如果全球人口繼續成長，那麼如何餵養整個地球村的居民，將繼續挑戰人類的智慧。對於大量使用基因改造植物可能引發的後果，也是不容掉以輕心的，我們應該慎防無心插柳所種下的後患。

最後，我們要知道地球的資源是有限的。雖然運用微生物的技術可以讓我們免死於傳染病、改善糧食供應量、增加工業生產而不犧牲環境品質，但也可能讓我們看不見地球資源很有限的本質。科技不能抹煞人類的責任，就某一點來說，我們必須找出一條正途，來平衡人類與地球上其他居民之間的需求。

我們不在萬物之上，也不在萬物之外，我們恰恰也是地球龐大複雜的生物網中的一部分。我們的任何抉擇都會影響到這張生物網的穩定性，只是我們現在才開始了解人類如何影響它。我們的一舉一動都將改變地球的未來。

微生物不愧是地球上最古老也最成功的居民，我們衷心企盼，從微生物那裡學到的經驗以及和它們建立的合夥關係，能幫助我們獲得足夠的知識與智慧，來做出正確的決定。

附 錄

進入分子的世界

《觀念生物學3 、4》記錄的微生物事蹟，都是以整個生物或整個社群在環境中求存的情形來觀察。現在我們要換個角度，去看看微生物的細胞內部，了解那裡面的分子是藉由怎樣的交互作用，使細胞能夠感應周遭的環境、與其他細胞溝通、以及利用食物讓自己生長與分裂。

其實當我們從分子的層次來了解生命時，會發現生物之間存在許多共通性。不論是微生物，或是從微生物那邊經過漫長時間演化

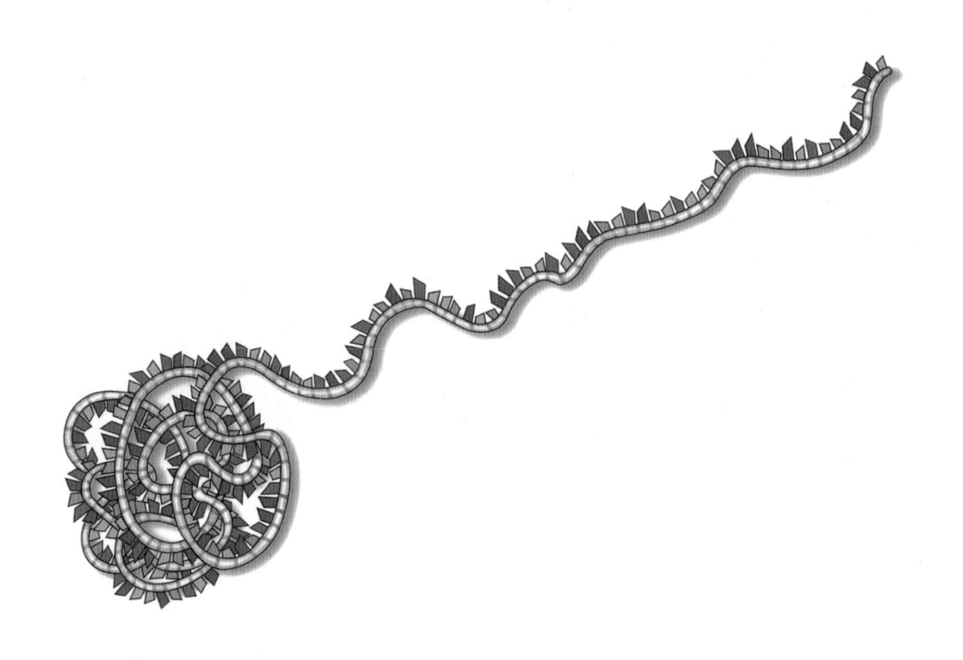

來的動植物，都有許多相似的地方。事實上，就是在分子層次上，讓我們清楚的和我們與生俱來的演化祖產面對面。

訊 息

對活細胞而言，訊息可分爲兩種：

1. 活細胞可以感應到周遭的環境，也就是它能接收訊息，並做出反應。（這種訊息要靠細胞的蛋白質來解讀，請見第161頁的「驚人的蛋白質功能」。）
2. 活細胞裡還有一套用密碼寫成的指令，裡面記載著細胞的歷史記憶，這就是細胞的遺傳訊息（DNA）。

遺傳訊息是藉由差異，來傳遞許多創造活細胞所需的指令。

一條由相同單位串連起來的長鏈，毫無訊息可言。

一條由兩種或更多種不同單位構成的長鏈，卻可以用來表示無限量的訊息，只要長度夠長的話：

—··—·—···	摩斯電碼（由2種單位構成）
010011001010111011	電腦語言（由2種單位構成）
To be or not to be	一句英文（由26種單位構成）

DNA是生命的遺傳訊息，它是由A、T、G、C這4種核苷酸單位構成的。

ACGTATGGCAATT	DNA

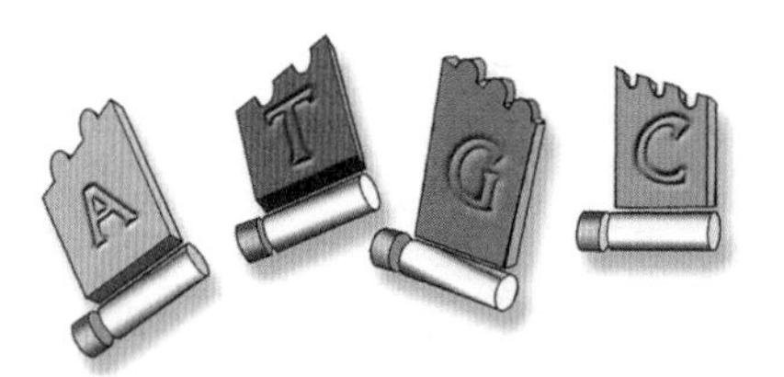

組成生命語言的四種字母：
A、T、C、G

與DNA的核苷酸序列相比，摩斯電碼、電腦語言、英文等的單位序列都算是近代演化出來的產物，而且是由人腦來解讀。DNA的核苷酸序列則是經歷幾十億年的演化，且是由細胞內的機器來解讀，以製造生命所需的蛋白質。

即使是製造最簡單的細胞，也需要相當大量的訊息才能完成。像大腸桿菌這麼微小的生物，它的DNA是由兩條交纏的長鏈構成，每條鏈含有470萬左右的核苷酸，相當於8本小說的字母數量。大腸桿菌的DNA雙螺旋是一個纏繞緊密的環形結構，若是把這個結構剪開拉直，長度可以比大腸桿菌本身長500倍。

DNA鏈上可分爲許多基因，每個基因平均有1,000個核苷酸的長度，相當於一個長段落的字母總數。大腸桿菌的DNA鏈有470萬個核苷酸單位，上面容納了超過4,000個基因。

DNA的雙螺旋結構可以確保複製無虞，使DNA可以不斷的傳承下去。在雙螺旋中，其中一條鏈的A會與另一條鏈的T對應，同樣的，每個G會與每個C對應，A與T、G與C彼此都以微弱的鍵結相連。這種互補的配對，使DNA雙螺旋分開後，可以各自補充新的核苷酸單位，完美的複製出兩條新的DNA。一旦DNA完成複製，細胞也準備分裂成兩個子細胞，每個子細胞都有自己的雙螺旋DNA鏈。生物的遺傳訊息就是這樣一代一代傳下去。

關於DNA如何扮演訊息分子，更詳細的說明請參考《觀念生物學1》第3章〈訊息〉。

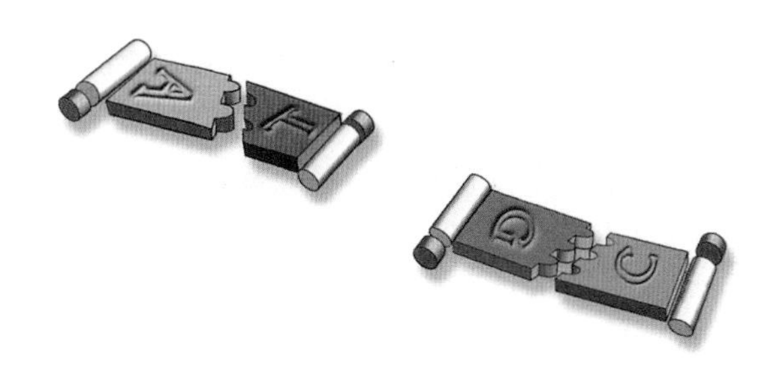

這四種字母兩兩互補配對：
A和T搭配，C和G搭配。

蛋白質的製造機器

DNA無法預見它的產物── 一個活生生的生命。畢竟DNA不是一張藍圖或一個影像，它比較像是一本食譜，裡面有許多製造各種蛋白質的指令，這些蛋白質是建構生命形式與功能的基本物質。

製造蛋白質的機器能閱讀基因上的核苷酸序列，把它們轉譯成胺基酸鏈，進而折疊成蛋白質特有的形狀。這種過程本質上就類似機器把2種單位構成的電腦語言翻譯成用26種字母寫成的英文。在蛋白質的製造過程中，由3個一組的核苷酸構成的密碼子（codon），會翻譯出20種胺基酸，其中有些胺基酸是由一種以上的密碼子來指定的。所以我們說基因密碼是以3個字母構成的單字寫成的。

蛋白質的製造過程如下：

1. 每個即將要組成蛋白質的胺基酸，會先與一種叫做轉送RNA（tRNA）的分子連結。
2. DNA的其中一條鏈被轉錄成單股的傳訊RNA（mRNA）。傳訊RNA是DNA託付的基因副本，用完即可丟棄。

3. 傳訊RNA從細胞核來到細胞質，在那裡將由核糖體以每次3個核苷酸爲單位，來讀取傳訊RNA上所攜帶的訊息。轉送RNA把附著的胺基酸搬運到核糖體的傳訊RNA生產線上。轉送RNA的另一端有由3個核苷酸構成的「反密碼子」（anticodon），將與傳訊RNA上的密碼子配對。

4. 一旦搬運過來的胺基酸與核糖體上持續延長的胺基酸鏈接合之後，轉送RNA就會脫離傳訊RNA 。

於是胺基酸鏈就這麼從頭到尾一個接一個的完成了。接著這些

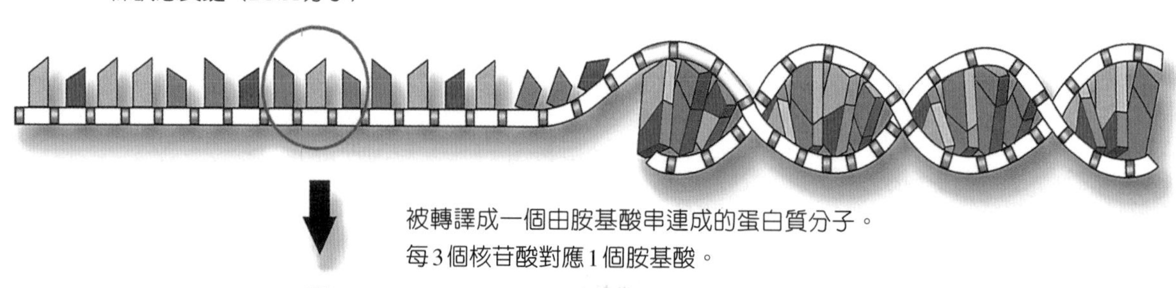

被轉譯成一個由胺基酸串連成的蛋白質分子。
每3個核苷酸對應1個胺基酸。

合成蛋白質的機器能夠將由A、T、G、C這4種核苷酸組成的DNA語言，翻譯成由20種胺基酸組成的蛋白質語言。

胺基酸將依據疏水性與親水性的不同，折疊成蛋白質特有的形狀以發揮功能。在一個細胞內，有成千上萬的核糖體同時進行著這種工作，使細胞產生好幾百種蛋白質，各司其職。

關於蛋白質的製造過程與功能，更詳細的說明請參考《觀念生物學2》第4章〈機器〉。

驚人的蛋白質功能

蛋白質在生物體內負責執行多方面的功能，例如移動、從食物中轉化能量、自我建構、自我調節、細胞複製等等，它們可說是維持生命不可或缺的分子。細胞大多數的硬體設備皆由蛋白質構成，蛋白質也是細胞裡的工人，勤奮的完成許多代謝活動。

如果把細胞裡的水移除，剩下的東西有80%都是蛋白質分子，且多達幾千種。我們不妨把生物體想像成是這麼多種蛋白質分子合作無間的成品。人與人之間的不同，人與其他動植物的不同，主要的差別就在於蛋白質。但是由蛋白質主導的生理活動，又顯示各種生物之間具有極大的相似性。

蛋白質是如何辦到的？它們之所以如此神乎其技，主要在於蛋白質與生俱來的化學辨識功能。蛋白質表面上的結合部位（有如一個凹陷的口袋），可以辨識特殊的分子，彷彿鎖孔對應鑰匙的關係，兩者間以微弱的化學鍵相連。蛋白質對特定分子的辨識能力，可以應用在很多場合，以下僅舉出一些重要的例子。

結構蛋白

細胞內許多硬體設備都是蛋白質構成的。

以細胞膜爲例。蛋白質是細胞膜的基本組成，細胞膜包圍著細胞，使裡面的東西不會外漏。蛋白質會在細胞膜上形成一些通道，

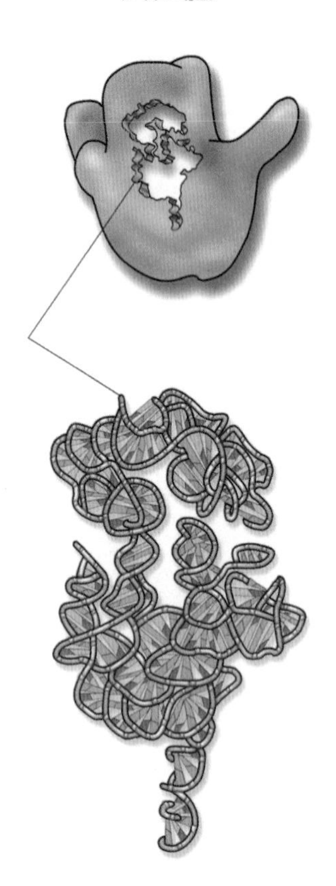

好讓養分進入細胞、廢物離開細胞。

蛋白質也是核糖體的基本組成單位，核糖體是細胞製造蛋白質的機器。收縮性蛋白質則可以幫助細胞移動，高等生物的肌肉就是由這類蛋白質構成的。

幫助微生物四處移動的鞭毛（flagellum），以及驅動鞭毛向前移動的環形馬達，也是由蛋白質構成的。當兩細菌細胞彼此靠近，準備做基因的水平轉移時，細菌會生出一條管子來傳輸DNA，這條管子叫做線毛（pilus），也是蛋白質做成的。

酵素蛋白

某些蛋白質在細胞內就像催化劑一般，可以加速反應的進行，這類蛋白質稱做酵素，它們是細胞內辛勤的工人，不斷的把東西組合起來，或是把東西拆開。

每個酵素都至少有一個結合部位，酵素的結合部位可以辨識它的作用分子（稱做受質），就像鎖孔讓鑰匙插入，這種結合可以改變受質的化學結構，使受質裂解成較小的分子或與其他分子相黏。改變後的分子被釋出，下一個受質分子又進去與酵素作用。酵素就是利用這種方式，迅速的重複進行這樣的工作，來促成反應的進行。例如，某種酵素可以抓起一個糖分子，把它分解成較小分子，並從中擷取能量，這些過程都在瞬間發生。在能量分子的協助下，另一種酵素則可以把小分子串連成較大的分子。

調節蛋白

細胞內的生理機能不僅要能夠催化各種化學反應的進行，還要能夠善加管理這些反應，也就是控制各種機能運作的速率。許多酵素的表面還有一些對訊號敏感的結合部位，一旦遇上訊號分子（通常是很小的分子），就像鑰匙插入鎖孔那樣，將導致酵素加速或減慢它所催化的反應。

有些蛋白質還可以當做基因的開關。當這類蛋白質抓住或脫離某個DNA段落，就會啟動或關閉某個基因的表現，這將影響後來的傳訊RNA與蛋白質是否能製造出來。這種開關使細胞可以對外界環境做出最適當的因應措施。好比說，細菌在遇到環境中突然出現某種食物時，可以打開合成某酵素的基因，好讓酵素幫助細菌利用周遭的食物；相反的，要是環境中沒有那種食物出現時，細菌會關閉這個基因。由此可見，有效的調節基因的開關，使它們該開則開，該關則關，是生存的重要法則。

一旦調節蛋白的功能發生改變，將廣泛影響許多基因的蛋白質產物的表現，使生物個體的大小、形狀或內在功能產生劇烈的變化（請參考第3冊第106頁）。在多細胞生物中便有一個誇張的例子：人類與黑猩猩的蛋白質有98%是相同的，但人類和黑猩猩終究是很不同的動物，根本原因就是源自調節蛋白的不同，這些調節蛋白控制著人類和黑猩猩的肌肉、骨骼、大腦等共有系統的發育。

儘管微生物世界中的變化，不如人類與黑猩猩之間的差異來得明顯易見，但原理還是相通的：蛋白質的不同，尤其是調節蛋白的不同，將產生形式與功能皆不同的生物。

溝通蛋白

蛋白質的另一種獨特性質，就是辨識與處理訊息的能力，不論是兩個細胞之間、一大堆細胞之間、或是細胞與環境之間，蛋白質都能扮演溝通者的角色。

一般來說，細胞接收到的訊息主要是化學訊號，細胞的表面有一些特殊的蛋白質叫做受體（請見第20頁的例子），能偵測化學訊號。受體分子可分爲兩端，一端向細胞外突出，用來接收各種化學分子的訊號，另一端向細胞內插入，準備引發細胞內部的反應。細胞的表面上豎立著許多向外突出的受體，每個受體只能辨識一種化學訊號。當化學訊號與受體接觸後，受體蛋白將從細胞外端到細胞內端的部分，產生形狀上的改變。細胞內這端的受體發生改變後，將啓動細胞內一連串的反應。

來看一個例子：當一隻游動中的細菌感應到環境中的食物（好比說糖分子），那表示它表面的特定受體與糖分子結合。這將使受體改變形狀，以通知細胞內部準備好一系列的化學反應，來發動細菌的環形小馬達。小馬達會驅動細菌表面的交通工具——鞭毛，使細菌朝有糖分子的地方前進。

區分敵我

如果你身上任兩個細胞正好有機會碰上了，它們彼此可以相認，不會起衝突。這是因爲細胞的表面安裝了某種分子，讓對方立即知道你我都是自家人。

細胞這種辨識自家人的技能，對人體健康具有莫大的意義。我們的細胞就是利用這樣的本能來得知是否有外來者入侵。

細胞表面突出的某些蛋白質會因人而異（除非你是同卵雙胞胎），例如H蛋白（在第72頁中，巨噬細胞表面的藍色分子就是H蛋白）。每個人的細胞就是利用這類蛋白質來顯示個體的獨特性。

T細胞是免疫系統中的一類淋巴細胞，它們在胸腺成熟後，會被

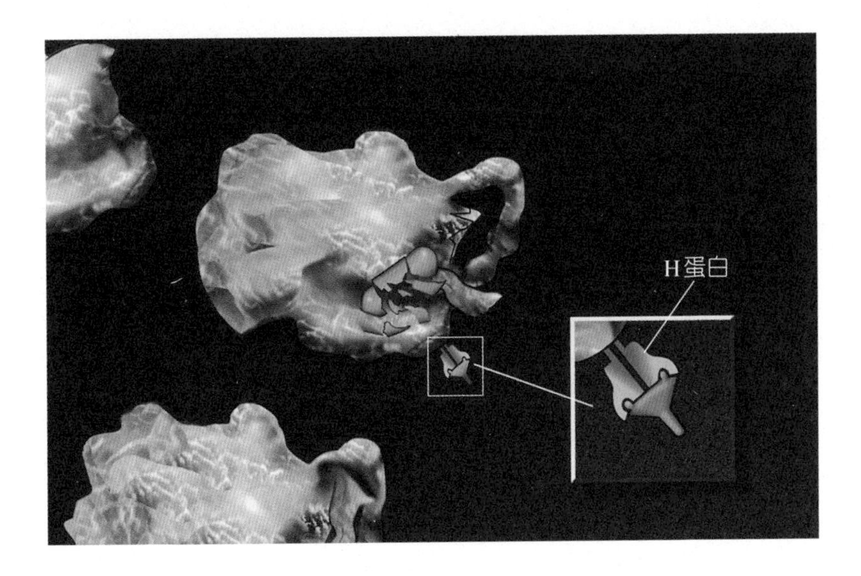

釋放到血液循環中，到身體各處去巡邏，以搜尋可能的入侵者。不過，T細胞在成熟前，會在胸腺中與胸腺細胞的H蛋白持續接觸。要是T細胞表面的受體蛋白能與胸腺細胞的H蛋白結合，這樣的T細胞將能在胸腺中繼續發育成熟，其他的T細胞會走上自我毀滅。

成熟的細胞離開胸腺後，將負起搜尋闖入者的責任。當它們遇見表面具有H蛋白的體細胞，會很清楚知道那是自家人，不會對它們發動攻擊。

H蛋白還有另一種功能。它們會與外來的蛋白質（即抗原）相黏，出現在細胞表面。這種「H蛋白－外來蛋白」的複合物正是T細胞視爲敵人的東西，能與T細胞表面的受體構成「H蛋白－外來蛋白－受體」的複合物，進而啓動T細胞的免疫反應，攻擊入侵的外來物。

器官移植所發生的排斥現象也是源自相同的原理。移植器官的細胞表面所出現的H蛋白，會被器官接受者體內的T細胞視爲外來物，就像它們遇見本身的H蛋白與外來蛋白所結合成的複合物那樣。於是T細胞即刻發動免疫反應攻擊移植器官。

了解排斥原理之後，也爲生物學上長久存在的一個謎題提供解答：爲什麼動物的免疫系統可以在從未接觸過其他動物的細胞時，就對它們產生排斥現象？原因就在兩者細胞表面的H蛋白不相同。

能量的獲取與消耗

能量是驅動生命運轉的東西。地球上的生命從陽光中獲取大部分的能量，一小部分能量則來自滾燙的地心，以及地殼中的無機物。這些能量在以熱能消散之前，會先在食物鏈中流通。

生命所需的能量大多經由植物的光合作用來捕捉，光合作用能把二氧化碳與水轉變成糖分子，並將能量儲存在糖分子中。所以糖是生命主要的能源庫，它是一種碳氫化合物，也就是在彼此串連的碳鏈上，附有氫原子。

地球上含有豐富的碳原子與氫原子，它們大多以最安定、最不易起反應且能量最低的形式存在，就是：二氧化碳（CO_2）與水（H_2O）。把低能量的二氧化碳與水分子提升到高能量狀態的糖分子，中間需要輸入大量的能量。

生命是如何辦到這點的？關鍵就在於電子。電子是繞著原子核外圍運行的負電荷粒子，它們的移動與轉移可以使生物體產生類似物理中的電流，尤其是氫原子，在此扮演重要的角色。由一個電子與一個質子構成的氫原子，可以輕易的把電子捐給其他的分子，再從其他分子那邊獲得電子，回復氫原子的電中性。

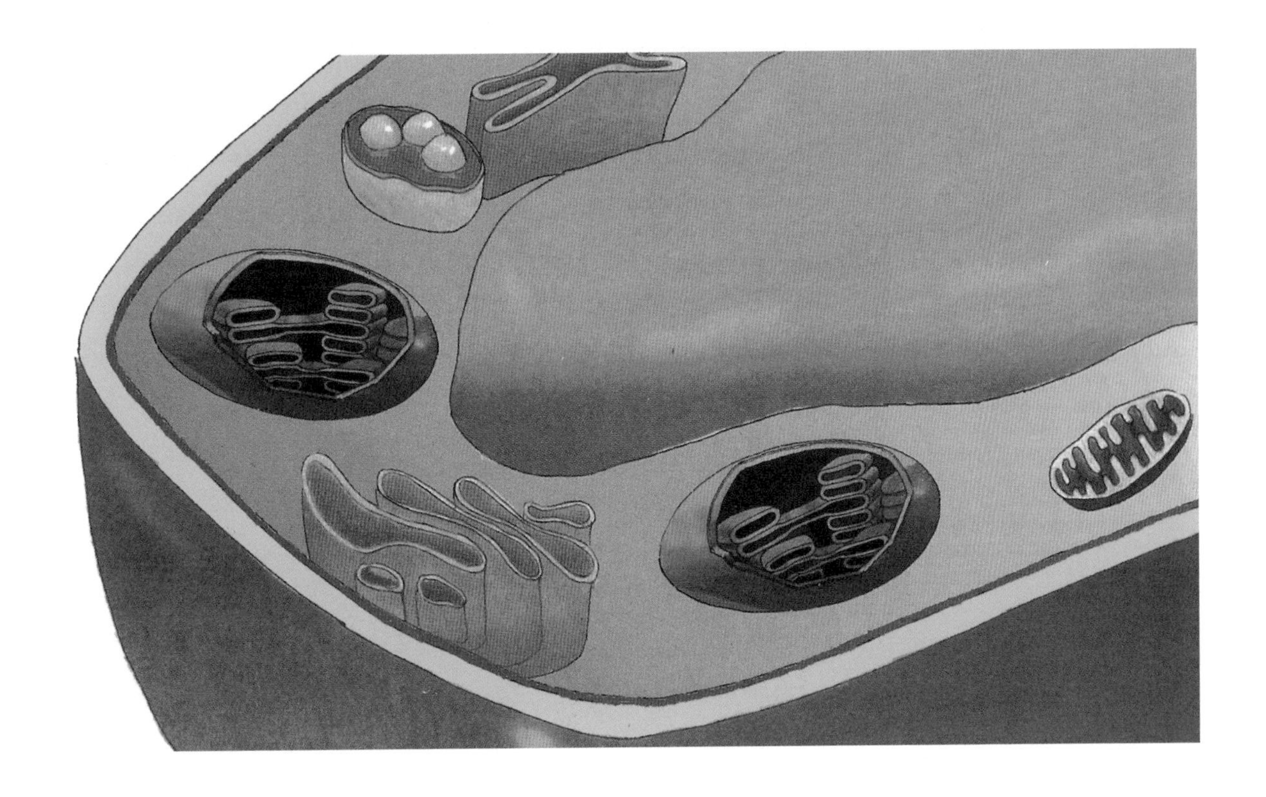

這邊簡單說明植物利用光合作用製造糖分子的一系列反應：太陽中的光子打在葉綠素分子上，激發葉綠素的電子脫離原本的運行軌道，展開一連串的電子流，使電子在接收電子的分子間轉移（即電子傳遞鏈）。失去電子的葉綠素則從水的氫原子那邊重新獲得補充。接著，葉綠體內的類囊體（thylakoid）的膜上有一種特殊的蛋白質，可以將電子流動產生的能量，儲存在ATP分子中（ATP是生物共通的能量分子）。光合作用就是藉由這樣的反應，將太陽能轉化成化學能。

在製造ATP過程中扮演重要角色的電子，最後將再與質子結關於能量的轉移，更詳細的說明請參考《觀念生物學1》第2章〈能量〉。

合，回復為中性的氫原子。這些氫原子將附著在一些特殊的載體分子上，轉化成十分活躍的狀態。活躍的氫原子在酵素和ATP的協助下，與二氧化碳共跳一曲化學的雙人舞，製造出糖分子。這些糖分子既可供應植物本身，也可提供給前來撿現成貨的一級消費者（也就是以植物為主食的生物，而植物便是所謂的生產者）。

不論是生產者或是消費者，有兩種生化反應是想要從糖分子中擷取能量（ATP），以維持生命運作所不可免的醱酵反應和呼吸作用。

醱酵（fermentation）是生命最古老的產能方式，在醱酵過程中，酵素只把糖分子切為兩半，從中汲取少量的ATP。呼吸作用（respiration）則在20多億年前演化出來，當時氧氣（光合作用的廢物）開始在大氣中累積。呼吸作用從醱酵產生的糖分子片段中汲取電子，游離的電子進入電子傳遞鏈，最後導致ATP的生成。完成任務的電子再與氧氣結合，產生水分子，而糖分子上的碳則與氧氣結合成二氧化碳。

整體來說，生命利用太陽能把低能量的二氧化碳與水，轉化成高能量的糖和氧，然後又消耗糖分子，產生生命運作所需的能量，並釋出二氧化碳與水。就在物質不斷的循環中，能量從高處往低處流動。

基因突變

突變（mutation）是DNA永久的改變，而且會遺傳給下一代。最常見的突變是某個核苷酸被另一個核苷酸取代，但有時也會出現一個或多個核苷酸的加入或移除、或是一段DNA從甲處搬到乙處、或是把一段外來DNA塞入某生物的基因組中。這些DNA的改變會自動發生，而且隨機出現在基因組的任何地方。當基因轉譯成蛋白質時，突變的部位也會表現出來，使胺基酸的序列發生改變（請見第3冊第105頁），因此蛋白質的功能將受到改變。（不過有時候突變雖然改變蛋白質上的胺基酸，卻不影響蛋白質的功能。）

在微生物中，當DNA進行複製時，突變的部位也會跟著複製，因而隨著細胞分裂傳遞到子細胞中，如此使突變代代相傳。（在行有性生殖的生物中，如果突變發生在精子或卵子細胞中，將會傳遞到下一代；若突變發生在體細胞中，則只會遺傳給體細胞的子細胞，不會傳到下一代。）

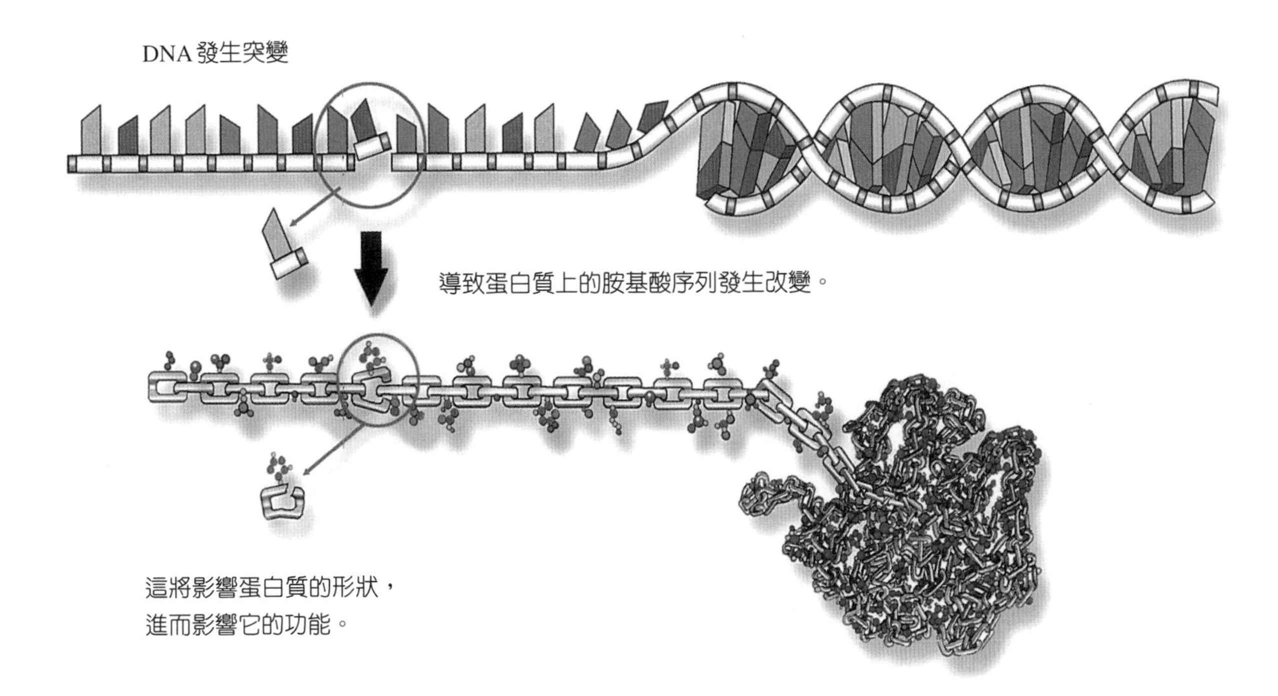

突變的原因很多，大多數是因爲複製DNA所需的酵素發生錯誤所引起的，就像印刷錯誤那樣。另外的因素包括由宇宙射線、紫外線、X射線、和環境中的化學物質對DNA造成的直接傷害。引起突變的物質叫做致變劑（mutagen）。從簡單的微生物到最大型的多細胞生物，都會受致變劑影響。只要生物活著，總是有可能發生基因突變。

我們已知突變和天擇都是使生物演化的途徑，想到這點不禁讓人驚嘆各種生物的基因組長久以來所展現的穩定性。實際上，有人估算過，DNA中累積的突變非常穩定持久，在10億個核苷酸中，平均每20萬年才出現1個核苷酸的改變！這種突變率的計算是這樣來的：從兩種生物中取出相同的基因，計算它們相異核苷酸的數目，再參考這兩種生物從共同祖先那邊分家之後，所經歷的時間（可從化石紀錄中推演出來）。

由於到目前爲止，大多數的突變比較可能出現受損的蛋白質（或RNA），導致生物體及其後代無法存活，因此我們僅測量一些經過天擇篩檢的成功突變。偶爾，生物的DNA經過突變後，將改善原來的功能。不過，生物的世代愈短、族群數量愈多，愈有可能發生突變。

就一隻帶有4,000個基因的細菌而言，大約每隔250個世代就要忍受一次單一核苷酸突變帶來的影響。在一個含有250隻細菌的族群中，則每當族群的菌數增加一倍時，就會發生一次突變。因此我們也許不必驚訝，在地球上存在超過30億年的微生物，已演化出謀生所需的各種設備，讓我們這些較晚演化出來的多細胞晚輩能夠善加利用。

從水平基因轉移到拼湊新基因

由於微生物能在短時間產生新一代，加上能把基因水平轉移給鄰近的夥伴，使它們具有不斷創新的優勢（請見第3冊第154頁）。這兩種因子讓微生物幾乎能在環境中做地毯式的探索，以充分利用周遭的資源。多細胞生物在6億年前（占演化時間總長的15%）才出現，可說比單細胞祖先晚許多，而且兩者有很多不同的地方。很重要的是，多細胞生物無法再隨意的交換遺傳訊息。加上多細胞生物繁衍新一代的時間要比單細胞生物長很多，使得多細胞生物較不具演化上的優勢，需要發明新的方式來生存與繁衍。

爲此，多細胞生物似乎懂得把現成的基因拿來拼湊一翻。首先它們開始複製某些基因或是基因的某部分。這些多出來的備份可以用來改造基因，產生相關但功能不同的基因。基因因此分成了若干

段：外顯子（exon）序列將轉譯成蛋白質，內含子（intron）序列將遭剪除拋棄。外顯子可以組合出馬賽克基因，轉譯出具有新功能的蛋白質。每個新基因的關鍵部位在於一段可以指示蛋白質辨識能力的核苷酸序列，不論是讓酵素辨識受質、抗體辨識抗原、調節蛋白辨識DNA某特定部位、或受體辨識化學訊號等等，製造這類蛋白質的基因上都需要一段特殊的核苷酸來轉譯出辨識部位。至於這些基因的其他部位，就不需如此精準的指定核苷酸序列。

基因就是藉由這種小片段重組（或洗牌）的能力，產生非常多種實用的蛋白質。

當我們對蛋白質的結構愈來愈了解之後，我們發現今日多細胞生物中的蛋白質，似乎僅從少數的原始種類那邊演變過來的。我們猜測，6億年前地球上各式各樣多細胞生物的大爆發，有部分是源自這種基因拼拼湊湊的結果。

少數DNA如何製造出億萬種抗體

在第73頁，我們看到抗體可以辨識、附著在入侵者上，等待援軍前來消滅敵人。面對外界各式各樣的入侵者，人體的免疫系統勢必有一套方法可以產生各式各樣的抗體來對付。這確實是一項驚人的成就。

抗體是由兩條長鏈與兩條短鏈構成的蛋白質，是一種「Y」字形的分子。人類和其他脊椎動物的DNA含有數百種製造抗體的基因。

一般來說，一個生物體內的每個細胞都具有相同的DNA，但是製造抗體的B細胞卻打破這個規矩，導致製造抗體短鏈的基因因細胞而異。這是因為B細胞在成熟時，製造短鏈的基因會隨意切割、

洗牌與重組。因此，在最終產生的抗體上，它的短鏈結構是隨機事件的結果。每一個B細胞經基因重組只產生一種抗體蛋白。但由於體內可以製造出億萬種B細胞，每一種都具有獨特的抗體，使身體足以應付外界各式各樣的入侵者。由此可見，藉由少數DNA片段的洗牌與重組，可產生種類繁多的抗體。

B細胞製造的抗體會呈現在細胞表面，一旦它辨識出特定的外來抗原，並與抗原結合，將刺激B細胞內的蛋白質製造機器，大量製造、分泌它獨特的抗體。

選 殖

選殖（cloning）是一種複製過程，能產生許多相同的個體或分子。細菌在繁殖時會自我複製，從一變二、二變四、四變八……，直到產生好幾百萬隻相同的細菌，稱為一種品系或菌株（clone）。

DNA的選殖則是藉由反覆的複製，產生許多份相同的DNA。細菌不僅複製自我，也複製它們的DNA。如果把一段外來的DNA（例如來自人體的一個或多個基因）插入細菌的DNA中，它們也將隨著細菌的DNA複製，一起跟著複製到新的子細胞中。等細菌自我複製成好幾百萬個細胞時，外來的DNA也同樣複製了好幾百萬份。

這種把外來基因植入細菌細胞內去大量複製的技術叫做基因重組（請見第112頁的例子）。重組DNA是開啓1970年代基因工程科學的鑰匙。選殖技術可以產生大量的特定DNA，以供進一步的化學分析和基因實驗之用。

現在的技術更是進步到無需在細菌細胞內就可以大量複製DNA。科學家從細菌中分離出一種複製DNA的酵素，叫做DNA聚合酶，經過純化後可以在試管中行進行DNA複製的工作。只要提供核苷酸單位A、T、G、C，任何DNA都可以在試管中大量複製。這就是所謂的聚合酶連鎖反應（請見第3冊第134頁）。

複製多細胞動物，例如複製一隻羊，基本上是複製單細胞細菌的延伸。動物身上的每個細胞都含有一套重建個體的完整DNA（不過有些細胞在成熟後會失去它們的DNA，例如紅血球），因此理論上，任何一個體細胞只要經過適當的誘發與培養，都可以繁殖及分化成一個完整的個體，產生複製動物。

從體細胞來複製動物，主要的阻礙在於解開DNA在體細胞中受到的限制，因爲當初體細胞在分化出特定功能時，DNA曾受到一些抑制，使它朝某個特定方向發展。例如一個皮膚細胞，雖然具有發育成完整個體的所有DNA訊息，但它在分化過程中有某些訊息受到壓抑，使它不會變成腦細胞或肝細胞等其他種類的細胞。不過現在的技術已經能跨躍這層障礙，使愈來愈多的動物能讓人複製出來。

回到生命的起點

在生命起源的最初，很可能先出現一些訊息分子的組合以及複製這類分子的機器。令人訝異的是，這兩件事只需藉由製造長鏈分子就可以辦到。今日我們知道，訊息的長鏈分子是DNA，而它的機器長鏈分子是RNA與蛋白質。不過在40億年前，這三種長鏈分子可能同時由單一種分子來負責，那就是RNA。

科學家之所以如此猜測，是因爲RNA像DNA一樣足以成爲極佳的訊息資料庫。再者，現在我們有充分的實驗證據顯示，RNA可以折疊成複雜的形狀，就像蛋白質的折疊能力，且可做爲一種原始

的催化劑（酵素）。由此可見RNA既可擔任訊息攜帶者，又具有蛋白質的功能。

早期的地球環境好比一鍋又熱又稠的原始濃湯，裡面盡是各種建構生命的基本材料與能量分子。RNA長鏈分子便有可能在這種情況中崛起與成長，它們在原始濃湯中隨機出現，四處游移，其中有些RNA在其他RNA的催化下，不斷的複製。

在構成RNA時，由於基本建材幾乎取之不竭，加上用之不盡的時間，使得RNA可以形成很長很長的分子鏈，若加上複製時的出錯，將可以製造出許多種 RNA分子。那些能有效催化RNA複製的RNA酵素，以及能有效讓RNA酵素複製的RNA將繼續繁衍下去，製造出更多的備份，也勢必與其他的組成物發生交互作用，產生效率更好、種類更多、結構更複雜的RNA分子。

最後，我們把想像力推到極致，看見天擇作用使這些分子給包進一層膜中，形成一個迷你的小世界，這便是邁向細胞誕生的一大步。原始細胞能讓這些參與自我複製的分子彼此靠近；原始細胞也發明一些方法使它能從外界汲取基本建材與能量；原始細胞還得在內部的分子複製後，隨之自我複製。

就某一點來說，DNA和蛋白質可以減輕RNA的部分負擔。而把這種不可思議的轉變從遠古時代帶到今日世界的，正是地球上最古老也最成功的居民──細菌。它們不僅是現今一切生物的共同祖先，更是支撐起地球上這個龐大生物網的大功臣。

圖片來源

除特別標示外，本書圖片均由作者提供，照片均由「Intimate Strangers」影片剪輯而得（攝影指導爲Stuart Asbjornsen、Blake McHugh以及Mitch Wilson）。以下列出其他圖片來源。

繪圖

Tony繪製：p.24、p.26、p.48、p.61、p.82、p.132、p.133

邱意惠繪製：p.135

圖片提供

Alaska Resources Library and Information Services提供：p.131

ASM Press提供：p.47、p.59

Center for Disease Control提供：p.23（Bobby Strong攝）、p.25（Dr. Mike Miller攝）、p.32（Peggy S. Hayes攝）、p.41、p.50、p.51（邱意惠合成）、p.53（Jim Gathany攝）、p.77（Dr. Erskine Palmer攝）、p.88（Meridith Hickson攝）、p.116（Dr. David Berd攝）、p.149、p.152（Dr. Fred Murphy、Sylvia Whitfield攝）

Center for Health and the Global Environment提供：p.64-65

IBM提供：p.128

The Nobel Foundation提供：p.90

台灣大學昆蟲學系柯俊成教授提供：p.137 右上圖
東吳大學微生物學系張碧芬教授提供：p.99
疾病管制局楊志元博士提供：p.52
富爾特影像提供：p.148

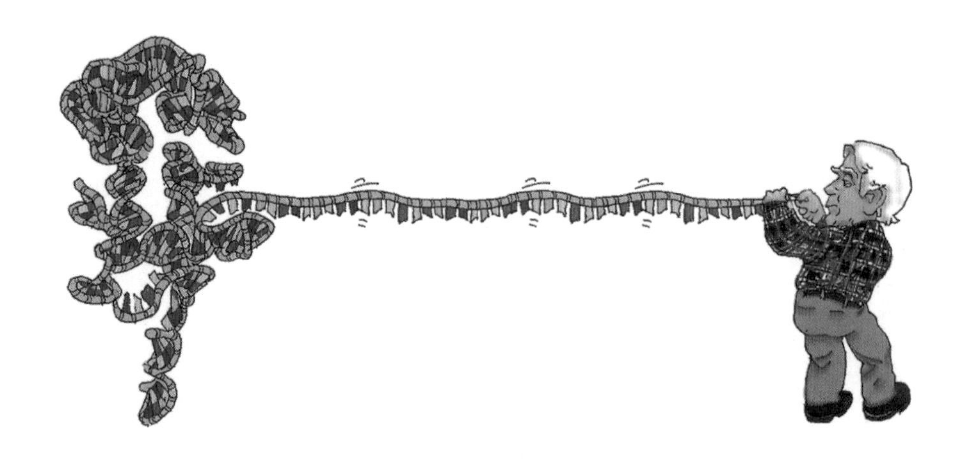

國家圖書館出版品預行編目（CIP）資料

觀念生物學 4：共生・平衡・互利 / 尼達姆（Cynthia Needham）等著；李千毅譯. ── 第二版. ── 臺北市：遠見天下文化出版，2017.06
冊； 公分. ──（科學天地；604）
譯自：Intimate Strangers: Unseen Life on Earth
ISBN 978-986-479-250-4（平裝）
1. 微生物學　2. 通俗作品

369　　106009624

科學天地 604

觀念生物學 4

共生・平衡・互利

Intimate Strangers: Unseen Life on Earth

原　著｜尼達姆、霍格蘭、麥克佛森、竇德生
譯　者｜李千毅
科學天地顧問群｜林和、牟中原、李國偉、周成功

總編輯｜吳佩穎
編輯顧問｜林榮崧
主　編｜徐仕美
責任編輯｜黃佩俐
封面設計｜江儀玲
美術編輯｜黃淑英

出版者｜遠見天下文化出版股份有限公司
創辦人｜高希均、王力行
遠見・天下文化 事業群榮譽董事長｜高希均
遠見・天下文化 事業群董事長｜王力行
天下文化社長｜林天來
國際事務開發部兼版權中心總監｜潘欣
法律顧問｜理律法律事務所陳長文律師
著作權顧問｜魏啓翔律師
社　址｜台北市 104 松江路 93 巷 1 號 2 樓
讀者服務專線｜（02）2662-0012　傳眞｜（02）2662-0007；2662-0009
電子信箱｜cwpc@cwgv.com.tw
直接郵撥帳號｜1326703-6 號 遠見天下文化出版股份有限公司

製版廠｜東豪印刷事業有限公司
印刷廠｜鴻源彩藝印刷有限公司
裝訂廠｜聿成裝訂股份有限公司
登記證｜局版台業字第 2517 號
總經銷｜大和書報圖書股份有限公司　電話｜（02）8990-2588
出版日期｜2005 年 03 月 07 日第一版第 1 次印行
出版日期｜2023 年 12 月 26 日第二版第 7 次印行

定價 NT380 元　書號 BWS604　ISBN 978-986-479-250-4　天下文化官網 bookzone.cwgv.com.tw